ねえ君、不思議だと思いませんか？

池内 了

Ikeuchi Satoru

而立書房

JIRITSU SHOBO

装丁　神田昇和

目次

Ⅰ　現代科学の見方・読み方

科学者とお金　8
古代における先端技術　15
科学はショーで始まった！　22
一九七〇年代の科学と技術（上）　29
一九七〇年代の科学と技術（下）　36
写真　44
自由研究としての副論文　52
「科学ツーリズム」の紹介　60
市民科学に求められること　67
木村兼葭堂の世界　74
町工場の技術の生きる道　81
塔を使った科学実験　89

グリーン・イノベーションという試み　97
過去に目を閉ざす者は　105
歌から言語が始まった　113

II　時のおもり

JAXA法の改訂　122
健康診断のススメ　125
エリートの驕り　128
私たちの正念場　131
電力の完全自由化の行方　134
批判がはばかられる話題　137
iPS細胞の臨床実験　140
アルマ望遠鏡開所式に出席して　143
急ぎ過ぎる現代　146
科学者の不正行為　149
東京五輪への異論　152
「リニア」の行きつく先　155

日本は農業に不適な国である　158
国家に「秘密法」が必要なのか？　161
人生の区切りのとき　164
ＳＴＡＰ細胞を巡るドタバタ劇　167
御嶽山噴火の警告　170
軍事化する宇宙　173
「安全保障に資する」という法律の文言　176
「平和」の概念の変化　179
ドローンという怪物　182
国の税金で賄われている……　185
小選挙区制の大きな弊害　188
監視か防犯か　191
軍事研究に群がる研究者　194
悪貨は良貨を駆逐する　197
科学における日本の地位の低下　200
ＳＳＨ科学フェスティバル　203
世界標準と日本の独自性　206
「軽減」税率の正しい意味　209
「一億総活躍」への違和感　212

Ⅲ　科学の今を考える

科学の二面性　216
科学者・技術者の社会的責任　221
科学者・技術者の倫理規範　226
複雑系の科学　231
トランス・サイエンス問題　236
科学の終焉　241
文明の転換期　246
「すすむ」と「めぐる」　251
科学者・技術者の条件　256
非在来型エネルギー源の未来　261
生命操作の時代　266
デジタル社会の光と影　271
科学の今日と明日　276

あとがき　281

I

現代科学の見方・読み方

科学者とお金

科学者人生

一般的に、科学者が熱意を抱くのはもっぱら研究のことばかりで、人間関係や社交のことにはほとんど興味がなく、ましてや出世やお金については執着せず恬淡(てんたん)としていると思われているのではないだろうか。私が経験した限りでは、大体当たっているけれど注釈付き、というものだ。若くて自分の才能に自信がある間は学問のことしか目に入らず物欲を軽蔑しているが、四〇歳くらいになって自分の限界が見え始めるにつれ、なかには早く教授に出世することをしきりに望むようになり（年をとった助手が教授を殺傷する事件があった）、お金に関して貪欲になる人（公的研究費を株購入の費用に充てていた事件もあった）が現れてくるからだ。むろん、生涯無欲の人がほとんどであることを言っておかねばならないけれど。

後述するように科学者の世界は厳しい競争社会であり、特に理系では中年になると大体自分がどの程度の学者かがわかってくる。そして、あまり見込みがなさそうだと、学問以外のところに生き甲斐を見出したくなる。運良く教授に昇進すれば部下に権力を振るったり（アカハラ、パワハラの源泉）、企業から奨学寄付金と称する寄付金をもらって企業の肩を持ったり、国の審議会委員などを依頼されると小躍りして引き受けて御用学者になったりするのである。それらに縁がなく静かに科学者人生を全うする人の方が圧倒的に多いことを言っておかねばならないが、過去の小さな栄光を引きずっていて（ノーベル賞の受賞者と知り合いであると言いたがる）、自分に関連することしか話題がない（どんな話をしていても必ず自分の経験談に持って行きたがる）性格は共通している。普通の人より知識を余計に持っている分だけ批判力も旺盛で、社会の事柄にアレコレ文句を付けたがる（割に当たっていることが多い）けれど、言うばかりで地道なことをやらない（口先だけで天下国家を論じるだけ）というのが普通であり、それで満足しているのだ。

なんだか自分の末路のことになりそうで危険なのでここでストップして、以下では科学者とお金に絞って書くことにしよう（ここでいう科学者とは自然科学の教育・研究に携わっている国立大学の教員という私が経験した狭い範囲の人間のことである）。

国立大学の予算の仕組み

二〇〇四年に国立大学が法人化され、予算の仕組みが単純になった。それまでは教員や学生一人当たりの経費を積算した校費や設備更新費、そして教職員の人件費などの細目ごとに分けて配分されていたのが、法人化以後は「一般運営費交付金」として一括配分となったからだ。その総額は一兆一千億円弱で、最上位の東大の八〇三億四千万円から最下位の小樽商科大学の一二億九千万円まで（二〇一五年度予算）、八六の国立大学法人と四つの研究機構法人へ分配されている。効率化係数とか大学改革促進係数と呼ばれて毎年約一％ずつ削減されてきたから、法人化以来の一二年間でほぼ一割の一〇〇〇億円減らされたことになる。

一般運営費交付金の使用は各大学の裁量に任されていて、これが法人化のメリットだと喧伝されたのだが、ほとんどの大学は教職員の人件費に半分以上を費やしており、効率化係数による収入減と人件費の自然増で教員の経常研究費として自由に使える余裕はどんどん減少している。さらに、法人化されたというので各大学の特色を打ち出すことが強く求められるようになり、また学長の権限を強化したこともあって、学長裁量経費とか全学事業とかで大学本部が天引きしてゆく金額が増えたので、末端の教員への経常研究費にしわ寄せがいっているのである（大学の収入として次に大きいのは学生納付金で、一年の授業料が一人五四万円程度だから三〇〇〇人も学生を抱えていると一六億円強の収入になる。これは本来学生に還元しなければならないものだが、大学の経営資金に組み込まれているから、どう使われているかわからなくなっている）。

それだけなら、法人化で国立大学の予算がどんどんじり貧になっているように見えるがそうでもない。別の項目の予算が措置（そち）されていて補いを付けているからだ。それには二種類ある。

一つは「特別運営費交付金」と呼ばれるもの（「特別経費」と略称される）で、各大学が特色ある教育事業を起ち上げて概算要求によって文科省に申請し、採用されれば三~五年間予算が保証される資金である（一件当たり一年に二千万~五千万円程度）。この総額が一般運営費交付金の削減分の半分に相当する五〇〇億円規模になっており、文科省のある種の意図を感じざるを得ない。一般運営費交付金は各大学で使途が自由な金だから文科省のコントロールが効きにくいので、その分を少しずつ削って文科省が差配できる（各大学にとっては文科省にお伺いを立てて認められねばならない）特別経費に移しているのではないかと勘ぐれるからだ。文科省は単なる大学への金配り官庁ではなく、日本の学術行政（大学教育）に責任を持っていることを示したいのかもしれない。

もう一つは、この二〇年の間、大学改革がずっと叫ばれていることに対応するための補助金予算である。国立大学は旧態依然のままで国民に開かれていないとか、社会に役立つ有為な人材を養成していないと財界筋からずっと非難されてきた（かつては、大学は教養を身につける場であり、職業人として養成する役割は企業が担っていたのだが、企業にその余裕がなくなってその役割を大学に押しつけるために大学改革が叫ばれてきたのだと私は思っている）。文科省はそれに応じて、大学の機能や役割の明確化（研究力強化とかグローバル化に対応した人材養成など）と大学教育の質的転換を掲げて予算がらみで各大学が改革を行うようお尻を叩いているのである。

そのために用意されたプログラムは、国立大学改革促進補助金（組織運営システム改革促進事業、分野別トップレベルの分野への重点促進事業、大学教育研究基盤強化促進費、施設整備費補助金、ラーニング・ユニバーシティ形成、教員養成大学への重点配分などの項目に分かれる）、研究大学強化促進費（リサーチユニバーシティ群の増強）、センター・オブ・イノベーション（ＣＯＩ）の構築（実用化に向けた産学共同研究）、大学教育のグローバル展開力の強化（大学の国際化）、世界トップレベル研究拠点プログラム（世界をリードする研究拠点の形成）、卓越した研究者養成拠点事業（イノベーションを牽引する研究者養成）、地域の中核的存在センター・オブ・コミュニティ（COC）としての大学形成（地域の核としての大学機能強化）等々がある。実に多くの事業であり、これらの総額がおよそ一〇〇〇億円近くに達している。

つまり、大学が自由に使えるお金は減っていくが、特別経費や補助金という個別に文科省に申請をして認めてもらう予算は膨らんでいて総額は変わらないのである。当然ながら、各大学はそれらの競争的資金を狙って文科省の顔色を見ながら大学の行く末を按配する（つまり機能分担を鮮明にしてゆく）ことになる。そうしなければ大学経営が持たなくなっているからだ。補助金は予算が保証される期間が短いから、長期的な視野で計画を進めていく余裕はなくなり、形ばかりを取り繕っていくことが習い性になってくる。こうして、一見すると大学改革が実践できているかのように見えるのだが、公共投資と同じで、長期の見通しに立った高等教育や学術の将来というような高邁な志は大学から急速に失われていくことは明らかである。

国の予算に全面的に負っている国立大学は、お金を通じて文部行政に引きずられる危険性が高い。そして、大学の教授は科学者である前に大学の経営者・行政官として予算分捕りに奔走するようになっている。これでは学問の府たる大学の先行きが心許ない限りである。

研究費の問題

文系・理系を問わず研究を行うにあたって研究費無しで済ませることはできない。今や、どのような分野でもパソコンは必需品で（学内の連絡はすべて電子メールになっている）そのアプリケーションや附属機器を備え付けねばならず、書籍代・通信費・学会旅費・定員外職員の人件費（定員削減のため身銭を切って経理や庶務を担当する職員を雇用している）などいわば基本生活費分の研究予算は必要不可欠であるからだ。ましてや、実験や観測を行う理工系分野だと最新機器を備えないと勝負にならないので、その設備を揃えたり最新のものに更新したりするために少なからざる研究予算を獲得しなければならない。私のような宇宙論の理論であれば紙と鉛筆だけで済みそうに思われるかもしれないが、シミュレーションで理論を確かめるとか観測結果をモデル化するなどのため、コンピューターを購入しなければならなかった。研究費がなければ科学者は只の人に過ぎないのである。

ところが、右に述べたように経常研究費は削減される一方だから、研究費は自分で調達しなければならない。それが「外部資金」（大学内部で配分される一般運営費交付金以外の資金）あるいは「競争的資金」（文科省等の科学研究費補助金や科学技術振興調整費や民間財団などが公募する資金で、科学者が申請し審査によって採択が決まる）と呼ばれる研究予算で、これがないと実質的に研究ができない（従って論文が書けない）状況、つまりPublish or Perish（論文を発表せよ、さもなくば破滅）に追い込まれてしまうのだ。だから、大学の教員は研究費獲得に血眼になり、そのための申請書を書くのに追われ、併せて論文書きに精を出さねばならない。科学者が専門分野に閉じこもって社会的な事象に興味を示さなくなったとよく言われるが、そうしなければ科学者失格となってしまうのである。先に「科学者の世界は厳しい競争社会」と先に述べたのはこういう意味であった（唯一例外なのは原子力ムラに居住する学者たちであるかもしれない。彼らは原発の安全性を吹聴していれば電力業界から多額の寄付金が得られるからだ）。

国の競争的資金は科学技術基本計画に従い、「選択と集中」政策によってある特定の優先度の高い分野が決められている。ＩＴとかナノテクとか生命関係（ｉＰＳがその典型）やロボットとかの選ばれた分野で、それらの分野ではバブルのように研究資金が集中し、科学者には使い切れないくらいである。ところが、それから外れた多数の分野では貧乏極まりない。今流行している分野はむしろ一〇年先には落ち目になるのだから、もっと長期的な視野で分野を広く選ぶべきであると思うのだが、そうはなっていないのだ。この政策のために私は日本の競争力の源が枯渇しつつあるのではないかと心配している。

以上のように、大学における科学者とお金のことを考えると、やはり日本は経済が落ち目になっていることに極端に怯え、近視眼的な対症療法しかしていないと思えてしまう。そんなに簡単に日本がひっくり返ることはないのだから、ここはじっくり腰を据えて長期的な展望で新規まき直しをする、そんな気構えと具体的な対応が必要なのではないだろうか。

（GRAPHICATION No.186, 2013.5）

古代における先端技術

　エジプトのピラミッドやギリシャのパルテノン神殿に見るように、古代の人々が建築や土木技術において卓越した才能を発揮したことはよく知られている。幾何学や力学の知識を持ち、実際の工事にそれを活かす能力を持った職人気質の人間がいたためだろう。そのような人間は、原理や法則を求める科学者とは異なり、経験則や暗黙知を大事にして人工物を創造する技術家として、時代の先端技術の粋を尽くした装置を作り、人々の度肝を抜いたこともあったに違いない。しかし、技術は常に新しい工夫と素材によって乗り越えられ、旧くなると打ち捨てられ、忘れられていくのが常だから、そのまま歴史的遺物として残っているものは少ない。以下では、いったん忘れられ二〇世紀になって偶然発見された星空の運行を予測する古代ギリシャの機械と、後漢時代の中国で作られ現代にもその原理が活かされている地震感知器という、東と西の好対照な二つの例を紹介しよう。遥か二〇〇〇年近く前に先端技術を駆使して、人間界から遥か離れた天象と地象を探る装置を製作していたのである。

古代ギリシャの技術——アンティキテラの機械

古代ギリシャにおいて、自然哲学者は自然の諸物と現象を解釈するにおいて、数少ない事実の上に推論を重ねて理論を築く方法が高く評価された。まさに自然を哲学して物の本質を見抜くことを本分としていたのだ。それに対し、手仕事は身分の卑しい職人や奴隷がするものであり、科学の応用に関わることや実験的検証は軽視された。ところが、例えば既に紀元前六〇〇年の頃には、サモス島では水道を掘削して防波堤や港湾工事を行なっていた。また、シラクサのアルキメデス（紀元前二八七年～二一二年）は工学と科学とを結びつけた最初の人物で、揚水器であるアルキメデスらせんを発明し、テコの原理を利用した投石器でローマ軍を苦しめたという故事も伝わっている。アレキサンドリアのヘロン（紀元一〇〇年頃）のように、聖水の貨幣投入式販売機、祭壇に点火すると自動的に開く寺院の扉、原始的蒸気タービン、トンネルの幾何学的構造設計など、機械技術の天才も現れた。彼は、当時の三大問題と言われた軍事工学と科学器具とからくり玩具を扱ったとされている。いわば、技術の達人であったのだ。

このように技術の中身の変遷を見ると、古代ギリシャ・ヘレニズム時代にも先端技術の発達があったことがわかる。しかしながら、タレス、ピタゴラス、デモクリトス、プラトン、アリストテレス、ヒッパルコスなど錚々たる科学者が輩出して物質の本源や宇宙構造についての哲学的・

幾何的議論を展開し、それが後の科学に大きな影響を与えたためか、古代ギリシャの技術についてはあまり注目されてこなかったのは事実であろう。ところが、「アンティキテラの機械」と呼ばれる惑星現象や日月食を計算する装置が発見され、それを調査するなかで古代ギリシャの先端技術が相当のレベルに達していたことがわかってきたのである。

一九〇一年、ギリシャのアンティキテラ島沖に沈没していた難破船の積荷が引き上げられたのだが、そこに不思議な青銅製の歯車装置が混じっていた。一緒に見出された陶器の壷やコインから、これらの遺物は紀元前一五〇〜一〇〇年頃のものと推定されたのだが、この機械については使い方がわからず、従って用途も不明であり、そのまま長い間放っておかれたのであった。

一九五一年からイギリスの科学史家であるデレク・デ・プライスが系統的な調査に乗り出したのだが、それがこの機械の驚くべき秘密が解き明かされる端緒となった。彼は時計の歴史の研究家で、引き揚げられた装置に数多くの歯車が使われていることに興味を持って詳しく調べたのである。その最初の報告が、一九五九年のサイエンティフィック・アメリカンに発表された論文「古代ギリシャのコンピューター」であった。この論文においてプライスは、問題の機械は恒星と惑星の動きを計算するための装置であり、おそらく最古のアナログ・コンピューターであるとの説を展開したのである。その後、X線を使って機械の内部を撮影してその構造を調べ、一九七四年に「ギリシャからの歯車：アンティキテラの機械――紀元前八〇年頃のカレンダー・コンピューター」と題する論文を発表して、この機械の作動モデルを提出した。それによれば、前面の表示盤には太陽と月が黄道一二宮を通過する経路を示し、背面上部の表示盤にはメトン周期（太陰暦と季節を一致させるために一九年に七回閏月を入れる周期）を表し、下部の表示盤では満月から満月までの周期とその一二ヶ月分によって太陰年を表すようになっていると提案したのである。

これによって俄然世界の科学史・技術史の学者が注目することになり、さらに時計職人（歯車の専門家）、機械工学の研究員（機械動作の検証）、X線写真の技術者（断層影像や二次元画像の撮影）なども参加し、実用模型の設計や製作も行われて実際に動かしてみる、という徹底した調査・研究が行われるようになった。また、X線撮影によって現代ギリシャ語の語源になった言語コイネーで天文学に関連する事項が二〇〇〇文字以上にわたって書かれていることが判明し、その解読によって機械の複雑なメカニズムがわかってきたのである。

二〇〇六年にネイチャーに発表された論文によれば、この機械には少なくとも三七個のギア（歯車）の複雑な組み合わせがあること、発見された文字の九五％にあたる二六一〇文字が解読されて、この機械は紀元前一〇〇年頃のものであることや天文学・機械学・地理学のマニュアルまで含まれていることまでわかった。クランクで日付を入力すると、前面は太陽年の日付・月と太陽の位置・月の位相が表示され、背面の二個の表示盤にはメトン周期とともにサロス周期（約一八年周期で似た状況の日食が起こる）が表れ日月食の予報計算もできたらしい。また、別の目盛もあって、それはメトン周期よりも正確なカリポス周期（メトン周期の四倍から一日を減じた期間を七六年と定義し直した周期で、この暦法によれば一年の長さは三六五・二五日となる）を示していたそうである。

さらに二〇〇八年のネイチャー論文では、この機械は四分割され、一区画が一年に対応し、全体として四年周期の競技祭典（古代オリンピックの開催？）を表していることや、読み取れた月の名称からコリントスの植民地（おそらくシラクサ）で使われていたことが推定できた（シラクサと言えばアルキメデスの故郷であり、この装置はアルキメデスと関係があると推察できそうである）。

以上が現状だが、調べれば調べるほどより多くの機能を持つことがわかり、天文学と数学の知識に堪能で、機械製作にも抜群の技術を持つ人間が関与したと推測できる。そして、表示盤が小さいことから公会堂などの公開展示用ではなく個人の携帯用であり、地中海の地名が多く読み取れるマニュアルが付随していることから旅行者のための機器ではないかと考えられている。さしずめ現代のラップトップコンピューターというわけである。古代ギリシャは先端技術でも優れていたのかもしれない（『アンティキテラ　古代ギリシャのコンピュータ』ジョー・マーチャント著、木村博江訳、文藝春秋、を参考にした）。

後漢時代の中国の技術――世界最古の地震計

張衡（ちょうこう）（七八年〜一三九年）という人は、政治家・天文学者・地理学者・発明家・文学者・詩人と数多くの肩書を持つことでわかるように、マルチタレントの人間であった。二九歳のときに洛陽（らくよう）を描いた「東京賦（ふ）」と長安を描いた「西京賦」（二つ合わせて「二京賦」という）を著して文才を発揮し、三八歳になって暦象・天象に関わる最高官職の太史令に就き、最後には中央政府の六部の長官にまで登りつめた、という具合である。

その彼が力学の知識と歯車を発明に利用した有能な技術家でもあったのには驚かされる。西暦一一七年に世界最初の水力渾天儀（水力でゆっくり回転するプラネタリウム）を発明し、続いて一三二年に「候風地動儀」と名付けた世界最古の地震計（地震感知器）を製作しており、他に水時計や指南車（里程計）の設計者でもあったからだ。

この地震計は銅製で酒ガメに似ており、直径一八四センチもの大きさで、四五度おきの八つの方向に突起した竜の口が上の方についていて球を咥えている。地震が起きると、起こった方向（震源方向）の竜の球が揺らされて、下方で上を向いて口を開けて待っているヒキガエルの口の中に落ち、それによって大きな音を発するという仕掛けになっている。地震で器の中の柱が揺れる方向に倒れ、それと共にレバーが押されて竜の口が開き、そこから球が落下するという仕掛けとなっているのである。

ところがあるとき、洛陽では地震を感じなかったにもかかわらず、西北の竜が球を吐いたことがあった。このため人々からこの地震計の信頼性を疑う声が上がったのだが、その数日後に西北方向の甘粛から使者が来て、地震が発生したため大きな被害が出たという報告をした。五〇〇キロメートル以上も離れた地点の地震ですら感知することができることが証明されたのである。これに驚いた人々は、それ以後、候風地動儀をインチキ呼ばわりしなくなったというエピソードがある。

地震波は初めにP波と呼ばれる縦波で伝わるのだが、このとき波の進行方向と揺れる方向が同じであることから、揺れの方向（この地震計では球が落ちた竜の向き）から震源の方向を推測することができる(続いて起きるS波は大きい揺れの横波で、進行方向と垂直に揺れるから、揺れの方向から震源を推測するのは難しい)。現在でも、この地動儀と同じ原理で地震の有無と方向を感知する感震計が存在するようだ。

単純な構造なのだが、地震波の性質を(経験的に)知っており、それを現実に役立つ装置に仕立てるという点で、張衡はエンジニアの才能が豊かであったことがわかる。それだけでなく、彼は円周率を計算し、二五〇〇個もの星の位置を記録し、月食の原理を理解し、一年を三六五・二五日であると算出していた。実に恐るべき才人であったのだ。

古代ギリシャのアンティキテラのように、いかに優れていても技術作品の製作者の名前は忘れ去られてしまうことが多い。数々の発明品に張衡の名前が残っているのは、中国ならではのことかもしれない。

(GRAPHICATION No.187, 2013.7)

科学はショーで始まった！

科学を人々に伝える重要な場として、科学館や博物館、プラネタリウムや天文台などの施設が数多く作られている。そこでは、さまざまな科学実験が行なわれ、展示を通じて科学の現場が追体験でき、望遠鏡を用いた観望会で星を眺め、プラネタリウムでの疑似星空体験が得られ、というふうにショーとしての科学が楽しめるようになっている。科学は自然との語らいの中で原理や法則を見出していく過程のことであり、それを目の当たりにしたり、実際に自分の手で試してみたりすることによって、確かに自然の秘密を暴いているという実感を得ることができるのである。

実際、一七世紀の科学革命以来、学校制度が整備されるまでは、商売として馬車に実験器具を乗せて各地を巡回公演し、多くの人を集めて科学実験の実演を行なうのが普通であった。いわば、科学はショー（見世物、実演）として始まったと言えるのだ。それが現代の科学施設の活動につながっていると考えられる。その歴史をたどってみよう。

望遠鏡と顕微鏡

一六〇八年、オランダのリッペルハイが望遠鏡の試作品を添えて国会に特許権を申請したのだが、「類似品が国内に出回っており、もはや公知公用である」という理由で特許が認められなかったそうである。遠方のものを拡大して見せてくれる望遠鏡はその素晴らしい威力によって、発明されるや瞬く間に世間に広がり、すぐに発明者が誰であるかわからなくなってしまったらしい。

その望遠鏡の噂を聞き及んだのが、科学に実験的手法を持ち込んだガリレオ・ガリレイで、自分で望遠鏡を試作して夜空を観測したのが一六〇九年であった。彼はその翌年に、驚くべき観測結果を『星界からの報告』で発表する一方、いくつも望遠鏡を自作して貴族や豪商たちに進呈したり販売したりしてその普及に努めた（軍へも売り込んだようだ）。夜空の天体の素顔を細かに観察できるだけでなく、遠くの人間をまるで手が届くかのように引き寄せて見せてくれる望遠鏡は、科学が秘めている強い力をまざまざと実感させたことだろう。ショーとしての科学の始まりであり、科学の有効性を人々に認識させるきっかけになったと想像できる。おそらく、多くの人が望遠鏡を入手し、宇宙観察を次々と広める役を果たしたに違いない。望遠鏡が普及した現代においても、高級な大型望遠鏡を使った観望会が各地で催されて人気があるのはその流れにあると言えよう。

同じく、微小なものを拡大して見せてくれる顕微鏡にも、その黎明期においてはショー的要素が色濃くあった。望遠鏡と原理的に同じ二枚のレンズを使う（複式）顕微鏡はガリレオの時代においては既に作られていたが、短い焦点距離に像を結ばせるために太く湾曲した凸レンズを必要とし、研磨が困難で実用にならなかった。薄いレンズでは焦点距離が長くなり、大きな装置とならざるを得ず、あまり普及しなかったらしい。

水を小球に入れてレンズの代わりとして顕微鏡を小型化する工夫をおこなったのがロバート・フックで、それによって倍率が四〇倍もの高い顕微鏡とすることに成功した。彼は設立されたばかりの王立協会において顕微鏡で発見したさまざまな事柄を発表する一方、一六六五年に記念碑的労作『ミクログラフィア』を出版した。コルクの拡大図から生物が細胞（セル）から成ることを見出したことが有名（科学的に重要）だが、ヒルやノミなど微小生物をクローズアップした恐ろしげな姿によって人々に衝撃を与えた。すぐ述べるように、フックの時代と王立協会が実演講義を開始する時期とが重なっており、科学のショー的要素が強く打ち出されるようになったのである。

顕微鏡については、レーウェンフックの活躍を述べておかねばならない。彼は、科学には素人の毛織物商人であるにもかかわらず、器具製作者としての卓抜な腕前を発揮して一枚のレンズを使った（単式）顕微鏡を製作し、一六七三年から亡くなる一七二三年まで五〇年に渡って観察記録を王立協会に提出し続けたのである。血液中の赤血球、水中に棲む数多くの微生物、バクテリアの存在、動物の精子、筋肉の横紋、昆虫の複眼など、生物界の多様性を人々に知らしめ、「神は細部に宿る」との予感を抱かせたのだ。彼は、クローズアップ・ショーによって物質の神秘性を剥ぎ取ったと言えるだろう。事実、自らの観察に基づいて生物の自然発生説を否定している点では、レーウェンフックは科学者と呼んでよい存在であった。

王立協会の科学実験

近代科学の先進国であるイギリスでは、ケンブリッジ大学やオックスフォード大学を足場にした「実験哲学クラブ」と呼ぶサークルが、一六五〇年頃にロバート・ボイルによって組織されていた。そのクラブ名の通り、自然哲学の方法として実験を重んじようとする科学者（まだ自然哲学者と呼ぶべきだが、簡単のため科学者と呼ぶ）のサークルで、定期的に開かれる会合では実験を行なうことを常としていたのだ。そのうちに社会的信用が高まって、いくつかの特権を持つ法人組織として認可を受けられるよう国王に請願して得たのが勅認状（チャーター）で、一六六三年のことであった。いわゆる「王立協会（ロイヤルソサエティー）」の発足で、チャーターには「朕は特別の恩寵をもって哲学的な研究、なかんずく〈実際の諸実験によって新しき哲学を形成し、古き哲学を完成させること〉を試みる研究を鼓舞する」と書かれていた。科学実験を行ないそれを公開することが王立協会の重要な活動となったのである。そのためにボイルの助手であったフックが協会の実験主任として雇用され、毎週のように一般の人も参加できる公開実験の準備をした。科学の殿堂たる王立協会は科学ショーを売り物にしていたと言えよう。

科学革命を代表する人物は、ガリレオ、デカルト、ニュートンということになっているが、その当時オランダやドイツやイタリアなど周辺国でも実験を通して近代科学を創始するのに力を尽くした人物は多くいる。なかでもドイツのガリレオと呼ばれたオットー・フォン・ゲーリケは、政治的才能も併せ持った天才であった。彼は真空ポンプを発明して真空状態にした環境下での物質の振る舞いを調べ、ライデン瓶と呼ばれる静電気を溜める装置を制作して電気に関わる実験を行なったことで知られている。しかし、後世に名を残すようになったのは、「マグデブルグの半球」として有名な大パフォーマンスを演出したためである。

一六五四年、マグデブルグ市の市長であったゲーリケは神聖ローマ皇帝のフェルディナンド三世を招いて、空気の存在とその圧力の大きさを体感させる公開実験を行なった。直径三〇センチほどの銅製の中空の半球を二個用意して密着させた後、一方の半球につけた栓から空気ポンプで空気を抜いていったのだ。そして、二個の半球の各々につけた環にロープを結わえ、左右八頭ずつの馬に引っ張らせたのである。ところが、合計一六頭の馬が全力で引っ張り合ったにもかかわらず、二個の半球を引き離すことができなかった。空気の圧力がいかに大きいかがわかろうというものである。馬の数を増やしていっそう大きな力を掛けるとようやく引き離すことができたが、そのとき半球に向かって急速に流入する空気のために大砲を撃ったときのような大音響を発したのであった。まさしく、科学をショーとして利用し、自然の力とともにそれを解き明かす科学の威力を見せつけることに成功したのだ。科学を認知させるのには思いがけない科学パフォーマンスを行なうのが最も効果的なのである。

イギリスに話を戻すと、一六六五年にペストが流行し、六六年にはロンドン大火が起こって混乱状態が続いたためか王立協会の活動も停滞し、一六六四年の理事会記録では会費の滞納問題が議論になっていたようだ。いつの時代でも、会員の会合への出席が減り、会費の滞納が起こって組織壊滅の危機が訪れるものらしい。それに危機感を抱いた理事会では、「協会の会合を楽しい実験によって注目されるようにしよう」という決議がなされた、とある。科学ショーが不可欠であると一致したのだ。一六七六年には「新実験哲学クラブ」がクリストファー・レンとフックによって提案され、再びショーとしての公開実験が盛んに行なわれるようになって王立協会の再建に成功したのである。

科学実験の巡回講座

一七〇三年に実験の達人であるフックが亡くなり、それと期を一にするようにアイザック・ニュートンが王立協会の会長に就任した。ニュートンは日光をプリズムで七色に分けるという実験を行なったが基本は理論家であり、その著書名『自然哲学の数学的原理――通称プリンキピア』（一六八七年）にあるように原理や法則を明らかにすることこそ科学者の任務と心得ていた。そのためもあって王立協会には理論優位の権威主義が蔓延り、単純に実験を楽しむ雰囲気が薄れたようである。

これに反発したのがオックスフォードを卒業したジャン・デザギュリエで、一七一三年にロンドンで一般市民を対象にした有料の実験講座を開始した。彼が「かなりの参加費を払っても実験講座に出席したいという人がかなりいる」と考えた通り、現在の金額にして一講座五〇〇〇円もの聴講料を徴収しても十分客は集ったようである。芝居を見るのと同じように、かなりの代価を払ってでも科学ショーを楽しみたいと望む市民が多くいたのだ。また、それに応じるため科学実験を売り物にする開催者も増えてきた。このようにショーを通じて科学が人々の間に浸透していったことがわかる。

その中でベンジャミン・マーチンという人物は、大学に行けずに農業に従事していたのが、親戚の遺産をもらったのをきっかけにして独学に励み、一七四一年頃から科学の本や実験器具を買い揃えて馬車に乗せ、町から町へと科学の実演をしながら旅行する商売を開始した。科学実験を見世物とする科学講座で生計が立てられるくらい人々の要望も強くなっていたのである。もう一人のジェームズ・ファーガソンも貧農の息子として生まれた学歴のない人物だが、やはり独学で科学を学び、一七五七年頃に町を巡回して科学講義を行なってかなり安定した収入を得ていたらしい。そして、一七五八年にはロンドンで「実験哲学連続講座」を開始し、空気ポンプを使った空気の弾性や重さについての実験や、馬車や水車などの実際に動く模型実験を披露したそうである。一七六三年にファーガソンはその功績によって王立協会の会員になることができたことから、公開科学実験の重要性が専門家にも認知されたことを物語っている（以上、板倉聖宣著『科学と科学教育の源流』を参考にした）。

科学は人々をワクワクさせるショーとして始まり広がっていったのだ。その初心を忘れてはならないと思う。

（GRAPHICATION No.188, 2013.9）

一九七〇年代の科学と技術（上）——その時代的背景

私にとって一九七〇年代は、六〇年代半ばから始まった大学紛争が峠を越して一息つき、これまでの自分の生き様を反省しつつ、大学にポストを得たこともあって新しい研究分野にギアを入れ直す期間であった。そのような個人の人生に似て、七〇年代の科学・技術の展開は当然ながら六〇年代までの積み上げがあってのことであるし、七〇年代はまだ時期尚早で顕在化しなかったのだが、基層での新しい胎動があったからこそ八〇年代以降に花咲いたということもある。また社会に無縁そうに見える科学・技術といえども、第二次世界大戦後二十数年を経た世界の政治・経済情勢と無縁ではなく、時代の雰囲気や哲学的風潮とも深く関係している。七〇年代は昇り階段の踊り場のように、ほんの一瞬だけ上りのスピードを落とした時代であったというのが私の感想である。以下では、七〇年代の科学・技術に影響を与えた時代的背景から実際の科学の諸分野の動向までを、自分史と重ねながら語ってみたい（むろん浅学菲才の私だから、ほんのさわりだけを描き出すに過ぎないのだけれど）。

ポストモダニズム

モダニズム（近代主義）は、一八世紀の近代革命から始まった人権の尊重・自由・平等・博愛など、理性と悟性を基礎にした合理主義に基づく人間を中心とする体系の構築を目指してきた。その典型がヘーゲル＝マルクスの歴史主義であり、またデカルト＝フッサールの人間主義であり、壮大なイデオロギー体系やヒエラルキー的な思考が特徴的であった。その近代的な主体概念に反発するように打ち出されたのが一九六〇年代から広がった構造主義で、現象の背後に存在する普遍的構造を重視し、それを分析することを通じて内的文法を読み解くという方法が打ち出された。さらに、構造主義が静的で普遍的な構造を主張して差異を否定することに異議申し立てをし、多様で変幻自在な構造までも許容するポスト構造主義へと変遷していった。

ポストモダニズムとは、構造主義からポスト構造主義あたりが提起した近代の枠組みへの疑問を真正面から取り上げ、それに代わる新しい理念（ヨーロッパ中心主義の否定、脱構築、合理的画一性の排除、機能性から装飾性へ、主体の脱中心化、部分と全体や中心と周縁の再考など）を打ち立てようとした動きである。だから、ポストモダニズムという用語は六〇年代からあったのだが、本格的に展開されたのは七〇年代以降で、フランス現代思想が中心となった。しかし、ここに示した言葉からわかるように、さまざまな論者が現れては近代が発見した西洋の伝統的な概念の否定や克服に終始し、必ずしも真に新しい理念を生み出すことができてはいないとの批判がある。多様な論者がそれぞれの主張をバラバラに打ち出しており、統一理念とか共通の要素とかの何らかの統合された概念がないのだ。とはいえ、それこそポストモダンっぽいと言うべきだろう。ともあれ、近代が打ち立て二〇〇年も続いた理念を疑い、より多様で動的な議論へと押し広げようとしたことには意味があった。

つまり、発展とか成長とかの近代が重んじた価値観に異議申し立てをし、異なった視点から人間や社会を見つめ直そうとしたポストモダンは、ひたすら前進するのを善とするモダニズムへのブレーキ役を果たしたのである。それは科学においても近代科学批判として連動した形で提起されることになった。

ニューエイジ・サイエンス

科学と関連するポストモダンの流れの最初はニューエイジ運動で、やはり近代の象徴である「進歩と発展」を否定して、貧しくても「平和と調和」を大事にするというドラッグ文化やヒッピーをもたらしたアメリカの反戦運動に出自がある。この運動のキーワードは「自然回帰」とか「全体性」で、それが科学の世界に取り入れられてニューエイジ・サイエンスと標榜されるようになった。その基本的な主張は、合理主義に貫かれた近代科学が分析的手法の徹底によって専門分化せざるを得ず、その結果として科学の前線がどんどん細分化され、かえって自然そのものから遠ざかっているという批判であった。デカルトに始まる要素還元主義ではなく、全体を統合的に捉えるホリスティック（全体論的）な見方が強調されたのである。

代表的な論者として、一九七三年にディープ・エコロジー（従来の人間の利益のための環境保護運動から、環境保護そのものを目的とするエコロジー活動のことで、人間の利益は結果に過ぎない）を提唱したノルウェーのアルネ・ネス、一九七五年に現代物理学と東洋思想との相同性・相補性を標榜したフリッチョ・カプラ（『タオ自然学』はベストセラーになった）、一九七八年にホロン革命（部分ではあるが全体としての性質を持つものをホロンと呼ぶ。「全体子」と訳されている）を打ち出した科学ジャーナリストのアーサー・ケストラーなどが挙げられるだろう。少し違った背景なのだがジェームズ・ラブロックの「地球ガイア仮説」もその一つと考えるべきかもしれない。地球と生物が互いに関係し合ってより良い環境を作り上げているとし、地球全体を恒常性を持った巨大な生命体（ギリシャ神話の大地の女神ガイアになぞらえた）のように見なすという仮説を一九六〇年代に発表していた。さまざまな批判を浴びて内容を変えていったのが七〇年代であり、ディープ・エコロジーにも大きな影響を与えることになった。七〇年代は、このような「異端の科学」の提唱も広がったのである。

（反証ができないホロン革命は別として）これらの概念は、さまざまな批判がありながら現代においても有効な部分が多い。ディープ・エコロジーは「人類の持続可能性」として、カプラの思想そのものは東洋的神秘主義に堕したが自然を全体として捉えるホリスティックな手法（複雑系に有効）として、ガイア仮説は個々の自然物体の関係性やそこから生み出される生命原理へのヒントとして、それぞれ新しい装いを得て活用されているからだ。

当時の私は、ニューエイジ・サイエンスに毒されることはなかった。とにかくパーマネントのポストにありつきたいとひたすら願い、モダニストのゴリゴリとして業績主義の日々を送っていたからだ。しかし、年齢が四〇代を過ぎ、首尾よく教授にもなった八〇年代後半から、要素還元主義の限界を強く意識するようになった。その方法では捉えきれない問題が多数あることに気づくようになったからだ。非線形項が重要なソリトン波（伝搬しても形が崩れない波動）や散逸構造（非線形項と拡散項が釣り合って生じる空間構造）の研究から、非線形の相互作用で要素間が結ばれている複雑系に関心を寄せるようになったためである。デカルトを裏切ってホリスティック派に転じて些か後ろめたいのだが……

成長の限界

近代の理念に楯突くポストモダニズムが一九七〇年代に流行したということは、世界大戦が終結して二十数年経ち、もっぱら近代の「成長神話」の下で必死に走ってきたことを反省する時期が訪れたことを意味していた。生産力のために自然を搾取して環境破壊を行い、数々の公害問題を引き起こし、資源の乱用を続けている、そんな人類の生き様を見直す時代を迎えたのである。それだけでなく、それらの問題は主として北の先進国が起こしたものであり、南の開発途上国は搾取と被害ばかりを受けるという構図の南北問題をも併せてクローズアップすることになった。

そこで開催された国際連合人間環境会議において、一九七二年に人間環境宣言（ストックホルム宣言）が採択された。そこにはまず「人間環境の保全と向上に関し、世界の人々を励まし、導くため共通の見解と原則が必要」と書かれ、七つの項目から成る前文（見解）と二六の原則を謳った共通の信念が宣言されている。具体的に、「地球上の多くの地域において人工の害が増大しつつある。その害とは、水、大気、地球および生物の危険なレベルに達した汚染、生物圏の生態学的均衡に対する大きな、かつ望ましくない攪乱、かけがえのない資源の破壊と枯渇および人工の環境、特に生活環境、労働環境における人間の肉体的、精神的、社会的健康に与えるおびただしい欠陥である」と述べており、既にこの段階において地球環境問題が深刻に捉えられるようになっていたことがわかる。

この頃には既に、大気中の二酸化炭素の量は増えつつあった（つまり自然が吸収しきれないくらい人間活動による排出が多くなった）のだが、まだそれほどの危機感はなかった。例えば、一九七四年に半導体の洗浄剤やスプレーに使われているフロンが地球のオゾン層を破壊する可能性があるとローランドとモリスが警告を発したのだが、それを無視して使い続けたのである。そして、実際に南極のオゾン層に大きな穴（オゾンホール）が開いていることが発見されたのが一九八五年であった。そこで慌ててフロンの製造・消費・販売を規制するモントリオール議定書を定めたのが一九八七年なのだが、一三年間野放しであったためにフロンは大気中に多数蓄積され、未だにオゾンホールが出現している状態が続いている。

人間環境宣言に呼応するかのように、ローマクラブがマサチューセッツ工科大学のデニス・メドウズを主査とする国際チームに委託して一九七二年にまとめられたのが『成長の限界』であった。「宇宙船地球号」という素晴らしいキャッチフレーズを使って、「有限の資源と有限の環境容量の地球において、人口増加や環境汚染がこのまま続けば一〇〇年以内に成長の限界に達するであろう」と警鐘を鳴らしたのである。「人口は幾何級数的に（掛け算で）増えるが、食料は算術級数的に（足し算で）しか増えない」というマルサスの主張が、現代の人口問題に適用されることを示したのだ。

当時の私は（高度成長期の日本であったためだろう）、ローマクラブの報告は過剰な心配に過ぎない、予想されるそれらの困難は科学・技術の発展によって解決されるはずと考えていた。農業生産はまだまだ伸びると予想していたように、まさに成長神話に冒されていたのである。むろん、それは私だけでなく世界中が同じように考えていたようで、それ以後も大量生産・大量消費・大量廃棄のシステムの成長・発展にブレーキがかかることなく、むしろ加速されたと言うべきだろう。そして、今や地球全体を共通市場とするグローバル経済の時代に突入し、真の「成長の限界」にぶつかろうとしているのが二一世紀の現実なのである。オゾン層の破壊は何とか抑えることはできそうだが、ローマクラブの警告は何年後に満たされるのであろうか、そしてそれは間に合うのだろうか。

（GRAPHICATION No.189, 2013.11）

一九七〇年代の科学と技術（下）――各分野の具体的な展開

軽薄短小の技術

二〇世紀の技術を大まかに要約すると、前半部は重厚長大の技術、後半部は軽薄短小の技術というふうに図式化できるだろう。ほぼ一九七〇年までの前半部は、鉄鋼や造船や機械、自動車や大型タンカーや鉄道車両など、産業の基幹部（インフラストラクチャー、ハード部分）を構成する物品の生産が主であったのに対し、七〇年代以降は電子機器やＩＴ機器を始めとする小型のソフト部分に技術開発の主眼が置かれるようになったからだ。むろん、後半部に重厚長大産業が廃れたわけではなく、またその必要性は変わらないから継続しているのは確かである。ただ技術的完成度が高くなったために開発要素は少なくなっていったのだ。その後の電子機器やＩＴ機器などとの組み合わせで新たな発展の芽が生まれてきたといえる。強調したいことは、七〇年代は技術の根幹部が軽薄短小へと大きく転換を開始した時期に当たるということだ。といっても、それ以前の技術革新が基礎にあったのは当然である。その重要なステップとなったのが半導体（トランジスター）とレーザーの発明だろう。

半導体は、一九四八年にショックレーたちが電流の増幅・スイッチング・整流・発振などを行わせることに成功したもので、それまで使われてきた真空管に比べて安定して作動し安価で長持ちし使い易い固体素子として、たちまち真空管を駆逐してしまった。最初は補聴器やラジオなどに使われ、一九六〇年になってトランジスターを集積回路にすることに成功し、一九七一年に卓上計算機が作られた。実際にマイクロチップとして複雑なシステムに適用されるようになったのが一九七五年で、同年に小型のパーソナルコンピューターが実現し、以後いっそうコンピューターの小型化を加速させた。さらに携帯電話へ応用されて現代のケータイ・スマホへと進化してきたのである。

コンピューター業界でよく知られている「ムーアの法則」は、「ＣＰＵ（中央演算ユニット）の集積回路上のトランジスターの数は一八か月ごとに一・五倍になる（従って、演算スピードや記憶量も同じ割合で増加する）」は、一九七〇年頃から現在まで四〇年以上にわたってずっと成立している経験則で、計算機の能力が加速度的に進歩してきたことを見事に表現している。私が修士論文を書いたのは一九六九年で、その計算のために大阪に出かけて四階建てのビルに鎮座しているＩＢＭ３６０という大型計算機を使ったのを覚えている。ところが、今使っているラップトップ・コンピューターはこの大型計算機の能力を遥かに上回っているのである。

一方のレーザーは一九六〇年に実用化されたが、そもそもは一九五三年にメーザー（マイクロ波増幅）が発明されたことに端を発している。その後、同じ原理を適用してマイクロ波から応用範囲が広い可視光増幅へと拡張したものがレーザーである。波長が揃っており収束性が非常に良い光線で、決まった位置に正確にエネルギーを送り込むことができるという特長がある。このため金属板の溶接や切断、外科手術（レーザーメス）、爆発物の点火などに使われるようになった。身近なところでは一九七二年に発明されたカセットディスクで、磁気テープ式の重い録音機やカセットテープ・ビデオテープをたちまち追放し、今やレーザー方式のＣＤ（Compact Disc）やＤＶＤ（Digital Versatile Disc）全盛となっている。ファイバー光学が実用化できたのが一九七〇年で、レーザー光と結びつけることにより、電子（つまり電流）の直接利用から光を用いた装置へと（テレビがブラウン管方式から液晶方式へと変わったように）切り換わっていったのである。

以上のように、七〇年代は技術の根本思想が半導体による「アナログからデジタルへ」、そしてレーザーによる「電子から光へ」の大転換が始まった画期的な時代と言えそうである。実は、そのことが大量消費を加速したとも考えられる。半導体やレーザーの使用によって電化製品が小型化・軽量化するとともに安価で使い易くなり、また日々モデルチェンジが行われるようになり、買い換え使い捨てを煽るようになったためである。七〇年代前半に「成長の限界」が謳われ、地球環境問題が語られるようになったにもかかわらず、ほとんど気にすることなく大量消費が拡大していったのは、このような技術的な背景があったのは確かだろう。

宇宙と生物の時代

一九七〇年頃だったと思うが、当時大学院生であった私は京大の基礎物理学研究所で湯川秀樹と短い会話を交わしたことがある。日本最初のノーベル賞受賞者である湯川さんに憧れていた私にはその姿に後光が差して見えたものだが、思い切って「これからの物理学はどうなるのでしょうか」という質問をしたのだ。そのときの湯川さんの返事が、「これからは宇宙と生物の時代になるやろね」というものであった。詳しい理由は聞かなかったが、宇宙物理学を専攻して博士課程に進んでいた私にとって大きな励ましになる言葉であった（湯川さんは私が宇宙物理学を専攻している学生とは露知らず、日頃の持論を述べられたにすぎない）。

宇宙の研究では、ガモフが予言した宇宙背景放射（宇宙誕生時の爆発によって放射された光で、すべての天体の後ろ（背景）からやって来ている）が一九六四年に発見され、その基礎理論であるビッグバン宇宙論が確立して雄飛を遂げようとする時代であった。つまり一九七〇年代には、より遠くのより暗い天体を観測して私たちが知り得る範囲を広げ、宇宙全体の進化を捉えようとする研究プロジェクトが続々と開始されたのである。具体的には、口径が三〜四メートルクラスの光学望遠鏡が世界中で数多く建設され、フィルムより一〇〇倍も効率の良いＣＣＤ（電荷結合素子、デジカメの原理）が使われるようになり、複数の電波望遠鏡で同一天体を観測して分解能を上げる干渉計が稼働し、人工衛星を使って大気外からＸ線観測を行うなど、宇宙を見る目が一気に拡大したのである。その結果として、一九七八年頃には一〇億光年くらいに広がって分布する銀河の大規模構造の一端が発見され、宇宙はのっぺりした一様な姿ではなく「泡構造」と呼ばれる銀河でできた泡が互いにぶつかるような形状となっていることがわかってきた（この観測を基礎にした私の「泡宇宙論」は一九八一年の発表である）。

このように観測事実を基礎にして宇宙進化のシナリオを描く「観測的宇宙論」と呼ぶ分野が確立したのが七〇年代で、現在では宇宙物理学の本流を占めていると言っても過言ではない。私が観測的宇宙論に踏み込むようになったのは一九七五年頃からで、当時日本ではこの分野の研究者はほんの数人であった。それから四〇年経った現在では五〇〇人以上にまで増えたことを思えば、私には先見の明があったのかもしれないと自惚れている（おかげで無能な私でも教授になれたことでもあるし）。

しかし、観測的宇宙論は現在では飽和状態に近付いているといえる。「すばる」望遠鏡など口径が八〜一〇メートル級の巨大望遠鏡によって人類の目はほぼ宇宙の果てに達し、理論の大筋はほぼ確立しており、後は詳細で難解な議論に終始するようになっているからだ（その意味で、今引退の時期を迎えた私は幸運なのかもしれない）。

一方、湯川さんが将来性を保証した生物学も七〇年代に新しい展開を遂げることになった。生物の遺伝情報が二重ラセンの形状をしたＤＮＡの塩基配列に書き込まれていることがワトソンとクリックによって明らかにされたのが一九五三年であった。それ以後、生物学の研究は巨大分子であるＤＮＡを軸にして展開するようになり、分子生物学という学問分野が生まれたのである。私たちは生物といえばそれぞれの種に特有な姿や形状で認識しているのだが、分子という全く無機的な物質に還元されてしまった。そのためもあるのだろう、化学物質を扱うかのように人間の手によって遺伝子の合成に成功（一九七〇年）し、さらにコーエンとボイヤーによってDNA分子を切り取って別の生物に挿入するという遺伝子工学の手法が開発された（一九七二年）。これによって遺伝子組み換え食品（GMO）や遺伝子治療の道を開くとともに、遺伝子診断・遺伝子地図・遺伝子操作・遺伝子銀行（クローン）・遺伝子資源など「遺伝子」が頭に付く呼び名に取り囲まれるようになってしまった。山中伸弥教授がノーベル賞を受賞してiPS細胞（誘導多能性幹細胞）が一気に有名になったが、体細胞内にあるDNAをすべて活性化させて幹細胞とし、望みの臓器を自在に作ることを目的としている。今やDNAと関連しない生物学は時代遅れなのである。

このように七〇年代は、「生物学の世紀」と呼ばれる二一世紀の科学・技術の中心を担う予兆の時代であったのだが、一九七七年にエイズが発見されて世界中に蔓延するようになったことや、一九七八年に試験管ベビーが誕生して生殖技術が拡大していく発端となったことを忘れるべきではない。遺伝子操作による人間の改造やクローン人間の製造を含め、生物学は難問を抱え込んで進むしかないのであろうか。

時間がかかる素粒子論

二〇一三年にヒッグス粒子「発見」がノーベル賞の受賞となったが、受賞者のお二人が素粒子に質量を付与する役割を担う粒子を提案したのはほぼ半世紀前の一九六四年のことであった。また、陽子や中性子を構成する基本粒子をクォークとするモデルは一九六一年にゲルマンによって発表されており、電磁気力と弱い力（ベータ崩壊を引き起こす力）を統一した「電弱理論」が発表されたのは一九六七年である（ワインバーグとサラム、グラショウが独立に発表）。そしてこれらの理論を集大成して、クォーク六種類とレプトン（電子の仲間とそれに付随するニュートリノの仲間）六種類が対を成しており（計一二種類）、力を媒介する粒子が三種類（強い力のグルオン、電磁気力の光、弱い力の弱ボゾン）と質量を決めるヒッグス粒子を加えた一六種類の素粒子群によって「標準理論」が構成できるとしたのが小林誠と益川敏英で一九七三年に発表された。それ以来理論の進展はない。

こうして眺めてみると、ほとんど一九六〇年代に基本概念が提案されており、小林‐益川が最後の詰めを行ったということがわかる。ところが、実際に実験によって六種類のクォークが発見されたのは一九九五年であり、小林‐益川理論で予言されていたCP対称性（粒子と反粒子を入れ換え、空間反転する変換）の破れがクォークのレベルで実証されたのは二〇〇一年で、お二人にノーベル賞が授与されたのは二〇〇八年だから、素粒子の理論が確立するまでには実に長い時間がかかっていることがわかる。実証実験のために巨大な加速器を必要とし、費用やマンパワーが莫大になるため簡単に手を付けるというわけにはいかなくなったからだ。

こうして科学の最先端を辿ると、同じ七〇年代であっても、宇宙論は成長期、生物学は揺籃（ようらんき）期、素粒子論は飽和期に当たっていたことがわかる。今にして思えばということなのだが、それぞれの学問の状態が見えるというのも面白いことではないだろうか。そして、それからさらに四〇年経った現在、学問がどのように変遷してきたのかを辿ってみる必要があると思っている。今後の宿題である。

（GRAPHICATION No.190, 2014.11）

写真——光を捉え再現する技術

小学生の頃、鍵っ子であった私は学校を終えると誰もいない家に帰って締め切った雨戸を開けるのが日課であった。そのとき、暗い部屋に雨戸の小さな節穴から外光が差し込んでいて、後ろの白壁に戸外の景色が逆さまの像になって鮮明に映し出されていることに気づいたものである。これがカメラ発明の発祥になったことは後で知った。アリストテレスの時代から、ピンホールを通って「カメラ・オブスクラ」と呼んだ暗い部屋に光を導き入れると外景が投影されることが知られており、昔から画家たちが写生をするのにこの像を利用していたそうだ。この光線が運んできた像を何らかの方法で捉えて定着させ、再現・複写することができないかとの願望を持ちながら、長い間実現できないでいた。それがようやく実現したのは一九世紀に入ってからで、物質と光の相互作用という化学の研究が本格化するための時間が必要であったのだ。こうして発明された、化学物質を光によって感光させて捉え、印画紙を用いて焼付け定着させる写真術は一五〇年ばかりの間隆盛を極めたのだが、今やデジタル技術の発達によって駆逐されてしまった。写真の歴史は世の移ろいも映し出しているかのようである。ノスタルジーかもしれないが、アナログ写真の手順をここにまとめておきたい。技術の粋がわかろうというものだから。

DPE屋さん

この二〇年ばかりの間に姿を消したのが、街角にあったDPE屋さんだろう。Dは「現像」、Pは「焼付け」(印画)、Eは「拡大」のことなのだが、もはや死語となって若者たちには通用しなくなっている。撮影済みの三六枚撮りのフィルムをDPE屋さんに預け、翌日胸をドキドキさせながら秘かに受け取りに行く、そんなちょっぴり秘密性(や神秘性)を帯びていた写真との付き合いが、デジタル時代になってすっかりなくなってしまったのは寂しい限りである。

標準的な写真は、大きく分けてネガを作成するまでと、ネガからポジを作成するまでの二つの段階があり、その各々は露光―現像―ネガ(あるいはポジ)の作成という三つの過程から成っている。このようなネガ―ポジ方式を始めたのはイギリスのタルボットで一八四一年とされている(カロタイプと呼ばれた)。

そのプロセスを整理すると以下のようになる。

〔第一段階〕光を捉える

露光：やってきた光をレンズで増強し、焦点部分に像を結ばせる。光が強い部分は乳剤中の銀化合物（塩化銀やハロゲン化銀）が分解して銀が分離し、光が弱い部分の乳剤結晶は変化しない。

現像：現像液に浸して、光に当たった部分の銀を残し、光が当たらなかった部分の乳剤結晶を洗い流す。

ネガ（陰画）の作成：光が当たって明るかったフィルム部分では銀が残っているため黒くなり、光が当たらなかった部分では結晶が無くなり透明になる。こうして被写体と明暗が逆転したネガフィルムが作成される。

〔第二段階〕光を再現・複写する

露光：ネガフィルムを引伸ばし機にかけ、印画紙の乳剤を変化させない赤い光を照射し、レンズを通して後ろの印画紙の上に任意の倍率の像を作る。

現像：ネガで明るかった部分には赤い光が多く当たって印画紙に塗られた乳剤の銀が多くなり、ネガで暗かった部分は光が当たらず乳剤の結晶は残る（第一段階の露光と逆の反応である）。

ポジ（陽画）の作成：印画紙上で銀が多い部分は黒く、乳剤の結晶が残っている部分は定着液（ハイポ：チオ硫酸ナトリウム）で溶かし洗い流してしまうので明るくなる。こうしてネガと明暗が反転したポジになって被写体と同じ明暗の画像が得られる。この定着作業が不完全で乳剤がうっすら残っていると、全体がゆっくり感光してセピア色になる。懐かしい色である。

ＤＰＥ屋さんは第一段階の現像（Ｄ）とネガの作成、第二段階の露光と現像（Ｐ）・定着とポジの縮小・拡大（E）を請け負ってくれており、ネガフィルムとともにポジ写真を一葉ずつ作ってくれていたのである。緊急の場合に重宝する三分間写真は、この二つの段階をコンパクトにして流れ作業にしたもので、ネガ版の簡易マウントからポジを直接作成しており、数枚しか作成できない。

スライドは最初からポジ（陽画）用のフィルムで作成しており、強い光を後ろから投射してスクリーンにそのまま画像を映し出している。ポジフィルムを作るためには、露光したときに強い光が当たった部分は銀を失い、光が当たらない部分は銀が残る、という通常のネガ－ポジ方式とは逆（リバーサル）を行なえばよい。

フィルムではなく印画紙を直接感光させたのが日光写真であり、それを高級にしたものがポラロイドカメラである。一八三九年にダゲールが発明した銀板写真（ダゲレオタイプ）の基本的な原理はこれと同じで、露光時間が三〇分も必要であった。しかし、人類が一番最初に比較的簡単な方法で光を捉える写真術を発明したのがダゲールなのである。この特許はフランス政府が買い入れて人々が自由に使えるものとしたので、瞬く間に世界中に広まった。これによって本格的な写真時代が世界的に始まったことは、早くも一八四一年にまだ鎖国時代であった日本にオランダ船がダゲレオタイプの写真を持ち込んだことからもわかる。一八四八年に島津藩の御用商人であった上野俊之丞（しゅんのじょう）（日本の写真の祖と言われる上野彦馬（ひこま）の父）が機材を購入し、島津斉彬（なりあきら）に献上して銀板写真を撮影した。この撮影日が六月一日で今でも写真の日となっている。

カラー写真

私たちは物にさまざまな色がついていると思っているが、実は人間の目に見えている色は赤と緑と青の三色だけで、それ以外の色はそれら三原色の混ざり具合が異なっているだけなのである。像が光でできている場合、三原色の光の強さを適当に足し合わせるだけですべての色を作り出すことができる。これが「加法混色」で、舞台照明やカラーテレビで使われる技術である（電磁気学を集大成したマクスウェルがこの原理を発見した）。

色の足し算（加法混色）

赤＋緑 → 黄色（イエロー）、青＋緑 → 青緑（シアン）、赤＋青 → 赤紫（マゼンタ）

これら光の三原色のうちの二色を同じ強さで重ね合わせて作られる色を「等和色」と呼ぶ。そして三色を同じ強さで重ね合わせると白色になる（赤＋青＋緑 → 白色）。

他方、印刷インクや絵の具ではそれ自体は光を出さず、当たった白色光の一部を吸収して残った光を反射しそれが目に入って色を認識している。三原色の光のそれぞれを吸収する（減らす）色を適当に混ぜることであらゆる色が作り出せる。これを「減法混色」という。

色の引き算（減法混色）

白色＋黄色(イエロー) → 青が吸収されて、赤と緑が反射される
白色＋青緑(シアン) → 赤が吸収されて、青と緑が反射される
白色＋赤紫(マゼンタ) → 緑が吸収されて、赤と青が反射される

つまり、

青緑＋黄色 → 緑のみ反射、黄色＋赤紫 → 赤のみ反射、赤紫＋青緑 → 青のみ反射

黄色、青緑、赤紫のうちの二つを重ねると三原色のうち共通した色だけが反射されて他の二色は吸収されてしまう（反射された色だけが見える）のだ。だから、三つの等和色を重ねるとすべてが吸収されて黒になってしまう（黄色＋青緑＋赤紫 → 黒色）。

カラー写真は減法混色を使ったもので、カラーフィルムでは上から青・緑・赤の順で三層の感光層が塗られている。カメラがカラーフィルムの上に像を作ると、三つの層は像の中の色の光の量に応じて感光して銀が分離する。例えば、第一段階の現像液には発色剤が入っていて銀に青の色素をくっつけた後、銀は溶かされて流し出され色素だけが残されることになる。そうすると、一番上の層の色素は青を反射し、赤と緑を吸収するので黄色(イエロー)が通過することになる。真ん中の層は緑を反射し青と赤を吸収するので赤紫(マゼンタ)が通過し、一番下の層は赤を反射し青と緑を吸収するので青緑(シアン)が通過する。つまり、青に対して黄色、緑に対して赤紫、赤に対して青緑と、それぞれ補色（混ぜると灰色になる二色）が通過してネガを作る仕組みとなっているのだ。逆の現像プロセス（カラーリバーサル、補色の補色にする）を行えば被写体のカラーを再現したポジを作成することが

できる。

インスタント（ポラロイド）のカラー写真では、フィルムに上から酸性層と画像層そして感光層が塗られ、さらに遮光剤と水とアルカリが入った現像用の薬品も入れられている。青・赤・緑の感光層とそれぞれの色の色素現像剤が画像層の下に塗られており、各色の光の強弱に応じて感光する仕組みとなっている。露光の後、フィルムシートがローラーの間を通るときに縁の部分に入れてある現像用の薬品が水とともに搾り出される。遮光剤はフィルムがカメラから出ても感光しないよう光を遮る働きをする。感光層で露光によって感光した部分（例えば感光層の中のシアン色素）では現像薬によって銀が生じて動けなくなり、感光していない部分（イエローとマゼンタ色素）は薬品によって画像層から酸性層に移動し、アルカリによって中和されるので透明になる。薬品に白の顔料を入れてあるのは、それが背景になって鮮やかな画像とするための工夫のようだ。たった一枚しか作成できないが、実に優れた発明だと思う。

デジカメ

今や化学物質（主に銀の分子）と光の化学反応を利用したアナログ写真の時代から、やって来る光（粒子とみなして光子と呼ぶ）を電子に変え（光電効果）、その数を物理的に数えるデジタル写真の時代になってしまった。その原理も簡単に述べておこう。

通常使うデジタルカメラには焦点面にはフォトダイオード（光電素子）とＣＣＤ（電荷結合素子）

が置かれており、それらは画面を構成する最小単位であるピクセル（画素）に分かれている。例えば縦が一五〇〇で横が二〇〇〇だと全部で三〇〇万のピクセルがあり、青、赤、緑のフィルターを付けた三つのピクセルが一組になって色の識別を行う。各ピクセルにやってくる光子数を電子数に変え（光電素子）、この電荷をCCDに送り、CCDの電圧を制御してバケツリレー式に外部に取り出す。これによってすべての画素の電子が走査され、IC回路で光の色と光の強さに変換して画像を構成している。その作業は瞬時に行うことができるから液晶画面で即座に像を見ること（インスタントプレビュー）ができるのだ。

最近のケータイではCCDではなくCMOS（相補性金属酸化膜半導体）が装備されるようになっているようだ。三色のフィルターを付けた三つの画素にフォトダイオードを使用するのはCCDと同じだが、各画素に増幅器が取り付けられており、電気信号を強めて直接外部に取り出し画像処理するので手軽に写真が撮れるようになった。また性能の良い（ピクセルの数を増やし光子エネルギーや光子数の分解能を上げている）小型のデジカメが発売されており、多数撮った写真から気に入ったものだけを選んでパソコンで画像処理して印画紙に印刷する。こうして写真はいつでも誰でも簡単に撮れる時代がやってきたのである。

私は最近まで年に一回くらいしか写真を撮らなかったから、カメラを前にすると緊張してしまう癖が未だに残っている。そのためなのだろうか、写真が溢れる現代だというのになぜか馴染めず写真に撮られることを好まない。こんな人間も、やがて絶滅することだろう。

（GRAPHICATION No.191, 2014.11）

自由研究としての副論文

二〇一四年三月一杯で八年間勤めた国立大学法人総合研究大学院大学（以下では総研大と略す）を任期満了のために退職したのだが、ちょうど私が赴任した二〇〇六年に先導科学研究科生命共生体進化学専攻という厳めしく長い名前の大学院コースが創設された。総研大は研究者を養成することを主目的とする大学院大学なのだが、自然科学では専門分化が顕著で、ともすれば自分のテーマにしか興味を示さない若手研究者が多くなり、また社会的リテラシーが欠けた研究人間が増えていることに、シニアの学者である私たちは大きな懸念を抱いてきた。そこで大学院生を、専門分野の研究を極めながらも幅広い視野を持ち、倫理を弁え社会的責任を自覚した科学者として育てるにはどうすればよいかを議論した。その結果、主論文としてまとめる学位研究以外に、「科学と社会」に関わる自由研究を課し副論文として提出することを義務づけるようにしたのである。その事例を紹介しながら、この試みの意義を述べておきたい。

大学院における「科学と社会」教育

今や大学院に進学する学生が増え、かつてのようにもっぱら研究者を養成することが大学院の目的ではなくなった感がある。しかし、同世代の五〇%までが大学に進学するのに対し、大学院進学はまだ五%くらいでエリートコースであることに違いない。さらに、これまで確立された知識の継承を主目的とする学部教育とは違って、曲がりなりにもまだ誰もが手をつけたことがない新しい問題に挑戦し、修士論文や博士論文としてまとめて研究者としての第一歩を踏み出すことは確かである。言わば現代の科学・技術文明を基礎から支える人材なのである。そのような科学の修練を積みつつある院生に対し、科学と社会がスムースな関係を結ぶために自分たちはどのような心構えを持つべきかを考える機会を提供するのは重要である。ともすれば、科学のみしか眼中になく社会的規範を知らない人間となったり、科学を知らない者を小バカにする人間であったりする傾向があるからだ。オウム真理教の幹部に理工系の大学院出身者が多くいたことを思い出せば納得されるだろう。

ましてや、大学に入学してから四年間の学部における教養教育が疎かになっている現状においては、せめて大学院に入ってきた学生に向けて常識と教養を身につける教育（リベラルアーツ）を施さねばならないと多くの大学人が考えるようになっている。といって、専門分野のみに特化して研究を行ってきた教員ではその教育ができない。そのため、科学者の倫理や社会的責任を論じてきた私に他大学からも非常勤で集中講義を依頼されることが増えていた。

「科学と社会」に関わる問題は多岐にわたっており、考えねばならない要素が実に多くある。例えば「トランス・サイエンス問題」と呼ばれる、「科学に問うことはできるが、科学のみでは答えることができない」問題がある。その問題に対して科学で言えることはひとつの参考意見に過ぎず、もっと広く社会的文脈の下で議論しなければならない。そこで私は、科学を学んだ者としてどのように考え行動すべきかについて、学生たちと討論する機会を持つようにしてきた。

総研大においては、各院生が関心を持った「科学と社会」に関わるテーマについて、調査し考察した内容を副論文としてまとめることを学位申請の要件とした。しっかり問題を把握すること、そして副論文としてまとめることによってより深く思考するようになると期待したのである。純粋の学術的な課題の学位論文とは異なって全く自由に行なう研究であり、相談役の教師も考えたことがないようなテーマが多く、以下の事例に見るように新しく学びの場を発見するという余得があるといえるかもしれない。

「科学と社会」の副論文で取り上げられた事例

もう一〇人以上が副論文を発表してきたのだが、私が指導教員として関与したり、発表を聞いて興味をそそられたりした事例を少しばかり挙げてみよう。

「環境保護のNPOと科学者の関与について」

環境問題が厳しくなるにつれ実にさまざまな環境保護のNPOが作られ活動しているが、そこにどれくらい科学者が参加しており、科学的な見地からの知見が生かされているか、の研究である。これを取り上げた院生はNPOが首を傾げるような内容の主張を行なっている団体もあることに疑問を抱き、科学者が参加している団体と参加していない団体の意見の相違を比較しようとしたものである。科学者としての視点と市民としての視点の相違とか発想の違いを見ることの重要性を指摘し、科学者がいかに市民団体に寄与できるかを考察している。

「GMOにおける賛成派と反対派の論拠について」

GMO（遺伝子組み換え作物）に関して、強い反対論が存在するとともに開発者側からの賛成論が激しく戦われている。この院生は自分の専門が遺伝子に関連していることもあり、GMOの賛成・反対の論拠を整理して、果たしてどちらの方が科学の知見により依拠して主張しているかを検証してみたのである。ここで彼が発見したことは、賛成派は議論のすり替えを行なっており（GMOの安全性を具体的に証明するのではなく、普通の作物だって歴史的に遺伝子組み換えしてきたものだから同じように受け入れるべきであると主張している）、反対派はもはや否定された古い実験データを今でも使っていて（偏ったデータや対照実験を行なっていないデータで、新たなデータによって否定されたものもある）、完全に賛成論者と反対論者の主張がすれ違っているということであった。

以上の二つは、科学研究の場にいる大学院生として社会的論争になっている問題を意識して取り上げ、科学者の役割を考えようというものである。

「なぜ日本では大学発の起業が成功しないのか?」

日本でも国立大学の教員の企業との兼業が認められ、自らの成果を活かして起業することが奨励されるようになって、法人化以後多数のベンチャー企業が起こされたが成功しているのはごく少数である。その理由を、比較的成功率が高いアメリカとの比較を行って考えようとしたもので、起業した研究者の経験や経歴、資本金の出所、営業や経営の協力者の存在、若い研究者の雇用割合、大学の援助など詳細にわたって調べている。彼の結論は、大学の研究で得た知見と実際にそれが商売となる間には大きな溝があり、それを埋めるためには起業してから三~五年間をいかに乗り越えるかにかかっているというものである(ほぼ予想された結論)。彼のユニークなところは、起業した研究者の海外経験の豊富さの重要性に目をつけたところで、それによって人脈を築いたり、ファンドを呼び込んだり、特許取得でつないだりして、立ち上げた会社を持ちこたえたのが結局成功につながったという分析である。重要なのは起業の材料となった科学のアイデアよりも経営戦略や多様な経験であり、アメリカと比べて社会的な条件が日本には整っていないことを指摘している。

彼は生物の染色体の研究で学位を取得したのだが、「科学と社会」の学問の方により大きな興味を抱くようになって、今では科学館の学芸員となっている。

「研究現場の映像表現」

ちょっと変わった副論文としてＤＶＤを提出した院生もいる。マーモセット（サルの一種）の生態観察を学位論文のテーマにしたのだが、報道関係のキャリアを経験してきたこともあって自らの研究現場を映像化し、研究者の仕事とはいかなるものかを映し出すことにしたのである。生き物を相手にした仕事の困難、地味で綿密な研究の実態、観察対象であるマーモセットへの思い入れなど、科学研究のドキュメンタリー作品となることを目指してもいた。彼女は芸術と科学の結びつきを具体的に描き出したいと考えたのだ。友人に撮影を頼んで三年分撮り溜め、研究の節目をきちんと記録した映像は興味あるものとなっていた。映像は市民に見せるには力量不足と言わざるを得ないが、このような試みも意味があると思っている。

その他の事例

「動物園の社会的役割」を考えるという副論文もあった。今や動物園は、見世物として成功すべきことが求められているとともに、絶滅の危機にある種の保存の場としての重要性が増しており、商売と学術が結びつくようになっているのである。そのような現場における科学の役割をどう考えるかについての重要な問題提起であった。

「総研大と周辺自治体との環境協定について」は、神奈川県の葉山町にある総研大は発足の時点で、周辺自治体と非常に厳しい（例えば、哺乳類を飼育したり実験に使ったりしない）環境協定を結んだという歴史がある。ところが、時間が経つに従ってそのような経緯を知らない新しい研究者が増え、生物を研究する機関としてこのような協定を結ぶことに疑問を持つようになっている。社会的な信義を尊重すべきなのだが、他方では科学研究の自由を求めたいという欲求との齟齬が生じているのである。さて、今後どのように展開するのであろうか。

「南極観測とマスコミの論調について」は、社会的関心の大きないくつかの国策的プロジェクト（原発、宇宙開発、深海探査、加速器や大望遠鏡の建設など）に対するマスコミの論調を調べたものである。特に南極観測という長い期間にわたったプロジェクトへのある新聞社の肩入れが目立つことと、そしてその理由を論じたもので、世論に影響を与えるマスコミの論調と大型科学プロジェクトとの知られざる関係が示されてなかなかユニークであった。

以上は副論文として提出された成果の例だが、大学院を修了した学生諸君に副論文の感想を聞くと、共通して「いかなる科学においても社会的視点で見直すということが大事であると思うようになった」と答えてくれた。とりわけ、三・一一の大震災と原発事故を経た現在、科学者への社会の信頼度が落ちたこともあって、院生諸君はよりいっそう真剣に取り組むようになったと感じている。新しい学びの発見と言えるかもしれない。かれらは、科学と社会が互いに折り合いをつけつつ、科学が真っ当に伸びていくことを願っていることがわかるからだ。それは研究者としての自分の将来に関わることでもあるが、やはり社会からの視線を感じながら科学研究を行うべきであると覚悟するきっかけとなったのではないだろうか。そのような意識を頭に刷り込んだのだから、一生その思いは残るに違いない。社会との関係を意識した科学者が少しずつでも増えていくための自由研究として今後も続けていって欲しいと念願している。

(GRAPHICATION No.192, 2014.5)

「科学ツーリズム」の紹介

インターネットでツーリズム（観光）を調べてみたら、実に三〇以上もの「××ツーリズム」という呼び名が発明されていることを知った。ワインツーリズムのようにワインの名産地を訪ねてそれぞれ異なった味を楽しむなんて洒落た旅があり、スローツーリズムのような時間に追われている日々を反省する旅の提案もある。要するにツーリズムとは、日常を生きている空間と時間と事物から離れて異なった時空に体を移動させ、そこで出会う日頃見慣れない事物を見る中で新しい発見をする、そんな楽しみを求めて行うものなのだろう。そこには、これまで見たこともない未知の光景を発見することもあれば、よく知っているつもりであったのに思いがけない側面を見つけて驚くということもある。さらにそんなことで喜びはしゃいでいる自分を発見し、何か力を得たという思いに感激する。人はそのような発見を求めて時間とお金を使って旅に出るのである。それは科学とは縁遠いと思われるかもしれないが、そうでもない。対象とする現象を前にして心を自由に解き放ち、異なった時空を漂流しながら見たこともない光景を見ようとする行為が科学であり、そこで得た新しい発見が鍵を握るという点では共通するからだ。だから、「科学ツーリズム」と名付けられてはいないが（こんな大層な呼び名では客が集まらない!）、それに類するツーリズムがいくつも企画されている。そんな旅を紹介してみよう。

自然観察のツーリズム

熱帯林（あるいは森林）ツーリズムが人気になっている。熱帯林は生物多様性の宝庫であり、今なお未発見の生物の種が何百万と存在すると言われている。常夏で湿潤な気候は生物がさまざまに進化する契機を与え、自然は次々と新しい生命の形質の誕生を試みているからだ。しかし、近代化を急ぐ開発途上国は熱帯林を売り飛ばして手取り早く現金を得る道を選び、その後は荒れ地のまま放置したり、パーム林のような一つの樹木だけのプランテーション農園としたりするため、生物の多様性をも失っていく状況に追い詰められている。

その反省から、熱帯林の保護区を作って生態系の研究を行ないつつ、そこにツアー客を招き入れ自然観察の場として提供し共存を図れば、持続可能性が確保できることに目をつけた。マレーシアでもインドネシアでも、また南米のコスタリカやエクアドルでも行われるようになったのが熱帯林ツーリズムである。日本の屋久杉も、最初は伐採して原木を売り払っていたのだが、むしろ保存して観光に使う方がずっと長持ちするということに気がついて方針転換した。今や観光客が増えすぎて困るくらいになっている。エコツーリズムという言葉がよく使われているが、単なるエコではなく持続可能な観光という意味で、サステイナブルツーリズムという呼称がいいのではないだろうか。

特に有名なのがコスタリカである。世界自然遺産に三つも登録されており、タラマンカン山脈の自然保護区では多様な鳥や珍しい蝶の観察ができ、グアナカステ保全地域では五〇メートルの高さの吊り橋によって林冠や樹冠からの空中見物ができ、ゴンドラで回遊することもできる。森林の散歩コースではいろんな動物や植物がすぐ傍で観察できるのだが、熱帯林の根を踏み固めてしまわないようコース作りが配慮されていて、熱帯林を保全しながら観光ともうまく住み分けしているのである。

もう一つがジオツーリズムで、地球科学的に興味がある自然資源(景観、地形、化石、岩石、鉱物など)を対象にして、長い地球の歴史の中でそれらがどのようにして形成されたか、自然の作用がいかに驚くべき力を発揮するかなどを学ぶことを目的とした観光である。珍しい化石や岩石を収集したり、洞窟探検やカルデラ周遊を組み合わせたりして、自然の雄大さと素晴らしさを楽しむツアーのことである。地球科学的現象が観察できる自然公園をジオパークと呼び、二〇〇四年に世界ジオパークネットワークが作られた。日本の代表的なジオパークとして、洞爺湖有珠山(湖と火山)、糸魚川(フォッサマグマ)、島原半島(火山と温泉)、山陰海岸(独特の臨海地質構造)、室戸(隆起した海底)、隠岐(オオミズナギドリの繁殖地)が世界ジオパークに加盟している。日本は自然景観の豊かなところで、どこもジオパークみたいなものだが、特徴的な地形がある場所を子どもたちが自然と触れ合う自然公園に指定し、四六億年の地球の歴史と結びつけた説明がなされるといいかもしれない。

産業ツーリズム

産業遺産を訪ねるツーリズムがある。ヘリテージツーリズムとも呼ぶ。富岡製糸工場が世界文化遺産に指定されると決まっただけで、何千人という人が押し寄せるようになった。その先輩格が二〇〇七年に世界文化遺産に登録された石見銀山で、その翌年には八一万人も訪れたという。しかし、観光客の異常な増加で治安悪化や騒音などの観光公害に悩まされ、バスによる乗り入れ禁止措置をとったら今度は観光客が激減してしまった。観光振興と地域生活のバランスが大事なのだろう。また産業遺産の歴史的意味や銀鉱山と庶民の暮らしなど、観光客への学習のため機会やガイドを増やさないと本来の産業ツーリズムにならないという問題がある。科学・技術史を現場で見るということは理科や社会の学習にとってとてもよい機会なのだから、観光と学校教育が結びつくのは歓迎すべきことだろう。

この数年、歴史的・文化的に価値のある産業文化財に人々の興味が集まり、その保存や継承に熱心になりつつあるのは、日本が少しは成熟社会になって歴史を記憶しようという思いを持つようになったためなら喜ぶべきことである。特に、生産現場、産業製品、古い機械、工場の遺構などが身近にあり、それらがどのように変遷してきたかの歴史を目の当たりにすることは、科学者・技術者を志望する子供たちにとって大きな刺激になると思われる。私は二〇年ほど前に産業革命の拠点となったマンチェスターを訪れ、製糸・織物・蒸気機関・機関車などの博物館でダイナミックな展示を見て感激した。それのみならず、地元の人がボランティアでガイドをするなど、それらを持っていることへの地域の人々の誇りを感じ、過去を大事にすることは現代をも大事にすることにつながると思ったものである。日本でヘリテージツーリズムが行われている鉱山関係は、常磐炭鉱があったいわき市と別子銅山があった新居浜市の二件らしい。さらに、三池炭鉱、足尾銅山、神岡鉱山など、最後に述べるダークツーリズムと結びつく歴史豊富な鉱山を何らかの形で遺せないものだろうか。

カラフルツーリズム

自然科学とは直接関係ないのだが、広く災害・戦争・政治・歴史・産業・民俗など自然と人間との関係を扱う人文科学や社会科学と関連するツーリズムがある。それにカラー（色彩）名が冠せられていることが多いためカラフルツーリズムと呼ばれているのだが、何だか人間らしいツアーという感じがする。レッド（赤）、グリーン（緑）、ブルー（青）、イエロー（黄）、ホワイト（白）、ダーク（ブラック、黒）などがあるようだが、それぞれの意味合いが異なっていて面白い。

レッドツーリズムは中国語の「紅色旅游」のことで、赤軍の革命聖地を巡る旅である。中国革命の事跡をたどるという意味では先のヘリテージツーリズムと一脈通じているが、中国は歴史を追体験し、亡くなった指導者の偉大さを再認識させて現代に蘇えらせようとしているのだと思われる。アメリカ独立戦争ツアーとして、ボストン茶会事件現場、レキシントンやコンコルド歴訪などが催されているが、独立宣言に至るまでの各地の歴戦の跡を回るツアーはないものだろうか。

　グリーンツーリズムは、緑豊かな農山漁村で休暇や余暇を過ごすツアーである。「農村民泊」であるアグリ（ルーラル）ツーリズムや漁村に滞在して余暇を過ごすブルーツーリズムという個別の呼び名もある。農林水産物の直売や産直活動、ふるさと祭りなどのイベントへの参加、農漁村滞在などを通じて田植え・稲刈り・乳搾り・地引網引き・養殖作業などに従事したり、林間学校・自然教室・農村留学などによって学校教育の現地実施などの活動が行われたりしている。子どもたちの田舎体験は好評なのだが、一過性で終わってしまうという難点がある。実際の農業や漁業を営む生活の現場を都会人に見せ、そこで共に過ごすことによって都市と地方の融和を図るのが目的なのだが、結果はなかなかそうはなっておらず結局都会の優位性のみが残ってしまうためではないだろうか。

　イエローツーリズムは、イエローストーン（火山、温泉、峡谷、滝、湖、地層、珍しい動植物などがある公園）とかイエローナイフ（オーロラ観測の最適地）のようなイエローの名が付く土地への旅か、もっと単純に春の菜の花が咲き乱れて黄色に彩られた土地を散策するツアーのことである。ホワイトツーリズムは真っ白になった雪国の景色を楽しむツアー。私が顧問をしている科学館「森の学校　キョロロ」がある十日町市松之山は毎冬三メートルを超える豪雪地帯で、婿（むこ）投げ（前年に村の娘と結婚した婿を五メートルの高さから投げ落とす）とか墨塗り（どんど焼きの灰と雪を混ぜ

「おめでとう」と言って、お互いの顔に塗り合う小正月の行事）という、変わった催しが行われている。有名ではないがそのような伝統ある奇祭を訪ね歩く旅も乙なものではないかと思う。

最後のダーク（ブラック）ツーリズムは、自然災害や事故の惨事、戦争や圧政などによって引き起こされた虐殺など人の死や悲しみを秘めた事物を巡る旅で、そこから、なぜそのようなことが起こったのか、それを防ぐ手立てはなかったのか、現在の私たちに告げている教訓は何か、私たちは今後どう生きねばならないか、などをじっくり考える機会とする旅である。悲しみの（グリーフ）ツーリズムとも呼ばれる。アウシュビッツ強制収容所、ヒロシマ・ナガサキの平和記念公園、チェルノブイリ原発跡、ニューヨークのグラウンドゼロ、南京やカンボジアの虐殺博物館、ベトナムのソンミ村など数々の遺物・遺構があり、訪れる人が後を絶たない。悲しみを引き継ぎ、繰り返し悲劇が起こらないよう記憶を新たにする旅だから、それを象徴するモニュメントが重要であることがわかる。大津波に襲われた東北の海岸地帯で多くの被災建物が撤去されてしまったことを残念に思っている。それがあり常に目にすることで大津波の衝撃と恐怖が未来に伝えられたのに、と思うからである。

いつまでも記憶として残っているという旅には必ず発見が伴っている。そこに科学ツーリズムの可能性がありそうに思うのだが、いかがだろうか。

（GRAPHICATION No.193, 2014.7）

市民科学に求められること

この三月で大学を退職してフリーとなり、しみじみと自分の人生を振り返っている。いろいろやりたかったことがあってあれこれ手を出してきたのだが、専門の宇宙論・宇宙物理学の研究も、一九九五年頃から精力を傾注してきた「科学と社会」に関する批判・評論活動も、いずれも中途半端なままで大した業績も残せなかったと思うと空しくなる。結局私は科学の専門家としての道から外れることができず、市民科学の重要さを知りながら結局それが十分にできずにきたためだろう。そこで遅ればせながら、実際に市民科学者として見事な生涯を捧げた高木仁三郎(じんざぶろう)の著作(『市民の科学をめざして』朝日選書、『市民科学者として生きる』岩波新書)を参照しながら、市民の側に立った科学のあり方について考え、私なりに彼とは異なった市民科学の方向を探ってみようと思う。

健全な批判派と市民科学

一九七九年にアメリカのスリーマイル島で原発事故が起きたときや、一九八六年に旧ソ連のチェルノブイリで原発が爆発事故を起こしたとき、私は「これらの国では健全な批判派が少ないから事故が起きたのだろう」と考えていた。原発一辺倒のアメリカであり、反体制派が弾圧されるソ連だから、原発を推進する国の動きを科学的な立場できちんと批判する勢力が弱いため管理や点検が甘くなったに違いない。その点日本には高木仁三郎が創設した原子力資料情報室があり、原子力行政に対して的確な批判を行なっていて市民の眼も厳しいから、電力会社もいいかげんなことはできず、その分安全性が保たれることになって日本ではこのような原発事故は起こらないだろう、迂闊(うかつ)にもそう考えていたのである。

原発問題だけでなく、市民の安全や人権の立場に立って合理的で誰もが納得できる批判を行なう人々を私は「健全な批判派」と呼んでいる。民主主義社会が健全に運営されるためには、体制側の進め方を的確に批判をする勢力が不可欠であるのは言うまでもないだろう。高木も「批判的作業が封じられた社会における技術システムが、いかにあっさりと破綻をきたすかを見れば、独立な批判的作業を確立する」ことの重要さを強調している。大学の自治とか学問の自由が保証されてきたのも、大学が健全な批判派の役を果たすことが求められてきた証でもある。常に体制を批判する意見が交わされてこそ、民主主義を豊かにするからだ。

しかしながら、福島で原発の過酷事故が引き起こされた。日本は科学・技術においては先進国のはずである。そして、「独立で対等な力をもった人たちによる批判の重要さ、専門技術的な内容に立ち入った次元での批判的検討」を行なってきた原子力資料情報室が存在し、健全な批判派の中心として反原発・脱原発の声を結集していたのである。にもかかわらず、「人災」と呼ぶべき事故を引き起こしてしまったのだ。何が欠けていたのだろうか？　そして、高木仁三郎が生きていたとすればどう言っただろうか？

私の見方は、日本において民主主義が劣化しており、健全な批判を反対のための反対派と見做し無視する風潮が強くなっていたためではないか、というものだ。出されている警告や批判をしっかりと吟味することなく、単純にシロかクロかの色分けをして後は思考停止となっている。原発問題については安全神話が蔓延して原子力資料情報室の警告が生かされず、オオカミ少年とされていた。そのことは、社会が科学性に根拠をおいて考える習慣に習熟していないためと言い換えることができる。高木は地下でこの事態を見ながら、市民科学をもっと隆盛させねばならなかったと口惜しく思っているのではないか。そして、書き物や講演を通じて原発の危険性を言うだけで、それ以上何もやっていなかった私自身も、痛切に反省するところがあった。口先だけの人間でしかなかった、と。

時計と金槌

高木仁三郎が東京都立大学（当時）の助教授を辞任して原子力資料情報室を立ち上げるとき、

武谷三男から「科学者には科学者の役割があり、（住民）運動には運動の果たすべき役割がある。君、時計を金槌代わりにしたら壊れるだけで、時計にも金槌にもなりはしないよ」と言われたそうである。武谷は科学者としての専門性を精密な時計（繊細で正確な事実を提示するものの代表）に喩え、大衆的な住民運動を金槌（行動の力で動かし進めるものの象徴）に喩えたのだ。科学の専門家としてはいくら孤立しても真実の主張として残るが、運動家になってしまうと力の論理になってしまい、それで負ければ何も残らなくなってしまうから空しいと言いたかったのだろう。武谷は、高木が知的エリートとしての科学者の立場を捨てることが理解できなかったのかもしれない。

これに対して高木は、「象牙の塔の外側で市民と関心を共有し、その目の高さから市民と共に活動でき、しかもそれなりに専門性を有する科学者・活動家」を目指すことを誓った。そして、「科学者としての専門性を保持しつつ問題に答えていけるような科学者ないしその営みを『市民の科学』と定義」し、「批判的専門性」を実践の中で追究することにしたのであった。高木の頭の中にはやはり健全な批判派の重要性があり、在野の科学者としてその役割が果たせると考えたのだろう。彼は、「批判ということのもつ創造的な力、根源的な批判は、まず人間の関心のあり方を問題にし、その関心のもとに認識が方向づけられるプロセスを省察する。関心のあり方と認識のプロセスに徹底的な批判のメスを入れることによってこそ、社会によりよいものへと方向づける創造的な力が生まれてくる」と言っているからだ。それこそが市民科学の本髄でもあるのだ、と。

そして、高木は「市民の立場に立ちつつ十分に専門的な検証に耐えられるような知を市民の側

から組織していくこと」を目標として、象牙の塔とはオルターナティブなものとしての市民科学の条件として、

(1) 支配的なシステムと独立な立場の側から現代科学技術を批判し、対抗的な評価を提起していくこと
(2) 生活者の感覚や視線の高さでものを見ること
(3) 市民の判断材料となるような情報を提供し続けること

の三つを挙げている。ここには従来の科学の概念とは基本的に異なった科学のあるべき姿が提示されており、市民の側に立った科学研究のあり方についての重要な示唆が含まれているといえる。

専門性を生かしながら

私の専門分野は宇宙論・宇宙物理学だから住民運動とは縁がない。そして私は専門の分野で一流を目指し（残念ながらそうはなれなかったが）、それを生き甲斐にしてきた要素もある。年をとるに従い、ようやくオルターナティブな立場からの市民科学の重要性を考えるようになり、それにゆっくりと重点を移してきたのだった。それが一九九五年頃から始めた「科学と社会」の分野であり、福島の原発事故を契機にして本腰を入れて市民の科学を進めるようになった。人々が科学

を楽しみつつ科学に接し続け、その中で科学的思考を身につけ、健全な批判派として自立していく、そのような人間を育てることも市民科学の重要な課題であると思い定めたからだ。

最近、岩波ブックレットで『科学のこれまで　科学のこれから』（二〇一四年六月）を出版した。現代のアカデミック科学の「異様さ」を指摘した上で、それを克服するためには「科学のこれから」はいかにあるのが望ましいかを考察したもので、まさに市民科学こそ今後科学者がターゲットにすることが求められているのではないかと書いた。その具体的内容として、等身大の科学としての複雑系の観察と記録活動や、デジタル時代でこそ可能になったオンライン・ネットワークによるオープンサイエンスなどを提案した。だれでも、いつでも、どこでも参加できる科学活動という、科学をみんなのものとすることを目標とした市民科学の重要さを強調したのである。

さらに「小さな科学館・博物館のネットワーク」という構想も打ち出してみた。日本には博物館協会に登録されている博物館が全部で三七〇〇もあるそうで、登録していないものも含めると（私設博物館、施設のみ、学校付属など）六〇〇〇にも達するという。そして、その九割以上は学芸員が二人以下の小さな博物館であり、いずこも予算を値切られて青息吐息である。その博物館を市民科学の足場にできないものだろうか。科学を語り、本物の自然に接し、さまざまな実験を行ない、日常のあらゆるところに科学の種が転がっていることを実感する、博物館をそんな科学の現場にしたいのである。むろん、ここで「科学」と言っても自然科学だけでなく、民俗・歴史・美術なども意味している。「博物学」として語られる事物はすべて「科学」の対象であり、文系・理系の区別をつけずに地域の人々と密着して世界を考える場としての博物館というわけである。

　博物館は歴史的な推移として、〔第一期〕珍品保存施設、〔第二期〕社会教育の拠点、〔第三期〕地域を変革する触媒、という役割を果たしてきた。時代とともに博物館の役割も変化し、社会に変化を引き起こす力を秘めていることも認識されるようになっている。人と人の交流の場となり、人材育成やアウトリーチ活動などを市民参加によって実践する中心となってきたのである。学芸員がたった一人であっても、そこに集う子供たちと一緒に地域活動に参加し、積極的に伝統行事を担っている科学館も知っている。

　そこで次のステップとして、地域の広い意味での科学（文化）を創造する場となることを目指すのはどうかと思うのだ。大きな科学館・博物館はそれなりに力もあるだろうが、小さな館ではそのように思ってもなかなか手が出せない。人も金も時間もないからだ。そこで「小さな科学館・博物館ネットワーク」を組み、各々が行っている活動のノウハウを交換するとともに、各館の利用者（特に子どもたち）が互いに入り乱れてインターネット上で参加したり、実際に訪れて実地参加したりする機会を増やすようにすればどうだろうか。等身大の科学とオープンサイエンスを結び付けようというわけだ。

　またもや口先だけの活動に終わるかもしれないが、私の残された人生を市民科学の確立に少しでも寄与できたらと念願している。

（GRAPHICATION No.194, 2014.9）

木村兼葭堂の世界

江戸時代の博物学者の代表として、大阪の代々の造り酒屋に生まれたが、早くから隠居の身分になって実に幅広い文化的教養を身に着け、まさにディレッタントとして生涯を捧げた木村兼葭堂（一七三六年～一八〇二年）という人がいる。彼のことを知りたいと思い、少しばかり調べて自分なりに再構成したのが本稿である。参考にした本は、兼葭堂の没後二〇〇年（二〇〇二年）を記念して展覧会が催された際、大阪歴史博物館が編集・発行した図録『木村兼葭堂　なにわ知の巨人』、および中村真一郎が『頼山陽とその時代』と『蠣崎波響の生涯』に並ぶ三部作としてまとめた遺作『木村兼葭堂のサロン』である。

「聞人」兼葭堂

図録の第二章の標題が「聞人兼葭堂」で、「聞人」という見馴れない言葉が使われている。何かと思って「図版解説」を繰ってみたら、その出典が書かれていた。それに依れば、曽谷学川が安永四年（一七七五年）に大阪の知識人社会の動向を反映した人名録『浪華郷友録』を編集したことに由来する。主たる職業名で五部門に分けており、（一）儒家（職業的知識人一般で儒者、道学者、文士、医者、僧侶）、（三）書家、（四）画家、（五）作印家に混じって、（二）として聞人の部を立てているのである。「聞人」とは「人に聞こえた人間（有名人）」を指すようだが、「文人」と読みが共通することから、身分を問わず「余暇に芸苑（学芸の社会）に遊ぶ者」とされている。つまり学問に「遊ぶ者」なのである。ここに「木村吉右衛門（造り酒屋の代々の名前）、北堀江五丁目。木孔恭字世粛号兼葭堂」と書かれているのだ（さらに、画家、作印家の部門にも名前が掲載されている）。同種の人物録として『平安人物誌』があるのだが、そこには「聞人」の項目はなく、大阪の知識人社会の特色を表していると考えてよさそうである。

『浪華郷友録』の寛政二年版（一七九〇年）では、職業的知識人を細分化して医家、僧侶の部門を独立させ、天学家、物産家を加えて知識人社会が多様になっていることを示しているのだが、この版でも「聞人」の部門は残している。「余暇に芸苑に遊ぶ者」に学者を加えて文人らしさが明確になっているが、天学家六人中五人、物産家五人中二人は聞人を本籍としており、自然科学や社会学にも関心を寄せる知識人を指すところが異色と言える。兼葭堂は聞人・画家・物産家に同時掲載されており、彼の幅広さは知識人社会では常識であったようだ。

ここにあるように「聞人」には有名人・文人の意味があったようだが、私は、サロンを開いてあちこちの知識人を招き、彼らにあれこれ蘊蓄を傾けさせては「聞くのを楽しんだ人」、まさにディレッタントと呼ぶべき人物像を想像している。実際、兼葭堂は、珍本や稀覯本、有名画家の絵画、茶器や骨董、考古学などの歴史資料、各地の物産、奇石・岩石・化石、貝殻を主とする生物標本など膨大なコレクションを持ち、それを見るために全国から訪れる知識人を歓迎しては昼食を取らせ、ときには宿泊させて交流を楽しんだのである。彼の日記には二万以上の人名が記されている。彼は、画家であり、書家であり、詩人であり、煎茶を広めた茶人であり、本草学者であり、物産家でもあり、蔵書家であり、朝鮮通信使や大名とも交流した著名人、というふうに一筋縄では捉えきれない「知の巨人」であったのだ。

兼葭堂という人物

彼が生まれたのは代々坪井屋吉右衛門の名を継ぐ造り酒屋である。木村家の先祖は大阪夏の陣で勇名を馳せた後藤又兵衛で、父の代に木村家の養子になって後藤姓から木村姓になったとあるが、真偽のほどは保証の限りではない。宝暦一〇年（一七六〇年）頃、邸内に井戸を掘った際に芦の根が出たのを、古典に名高い「浪華の芦」だとして大いに喜んで書室名を「おぎ」と「あし」を指す「兼葭」と名付けたとある。

中国の古典に詳しい中村真一郎は深読みして、魏の明帝が后の弟の毛曾をして夏侯玄と共に座さしめたのを見て、詩人が「兼葭玉樹に依る」と謂ったという故事から、有力な親戚によって暮らしを立てている自分の境遇を、玉樹に身を寄せ荻葦に寓したのではないかと解釈している。実際、幼い頃から病弱であった兼葭堂は若くして隠居し、「余、家君の余資に因って、毎歳受用する所三十金に過ぎず」と、貸家の家賃や酒造株の貸付などから仕送りを受けて暮らしていた（ことになっている）。妻と妾、二人の子供の所帯である限り年に金三〇両は何とかやっていける金額ではあるが、贅沢はできない金額である。それにもかかわらず膨大なコレクションをすることができたのには、何か隠された収入があったに違いない。

　兼葭堂の親は彼が病弱であることを気にかけていて、幼い頃からさまざまな習い事に行かせるようにした。趣味で生きることを選ばせようとしたのだろう。それもすべて一流の師匠であり、この幼い頃の経験が兼葭堂の書画骨董の鑑識眼を鍛え、また実作者としても一流の域に達した理由である。

　彼は、まず六歳のときに狩野派の大岡春卜の下で中国絵画を習い、続いて柳沢棋園に粉本（下絵）を用いた通信教育で明清絵画を学び、一二歳になると僧鶴亭から花鳥画を習い、翌年には棋園に伴われて池大雅を訪れた。これらの交友は長く続くことになっただけでなく、その後、谷文晁、田能村竹田、浦上玉堂、司馬江漢、祇園南海、与謝蕪村、伊藤若冲など兼葭堂と交流のあった（接触だけも含め）画家が何人もいる。なんと華麗なる人脈だろうか。

　彼が描いた作品は二二歳の頃から最晩年の六六歳のまで多数残されており、山水画や中国画、着色花鳥図そして植物写生画と多様な展開を見せている。とはいえ、後年、藤岡作太郎が兼葭堂の画業は余技に過ぎないとして『近世絵画史』において、「画簡約洒脱、趣なきにあらずといへども、画家として特にいふべきほどの技量はあることなし」と書いているように、近年の評価は文人画の後援者として貴重であるが、画業は「旦那芸」に過ぎないとみなされているようである。おそらく、その評価は当たっているだろう。蒹葭堂の真価は、彼が興味を持ち携わった仕事全般で判断すべきであって、個々の業績は平凡なレベルでしかないことは否定できないからだ。スペシャリストとジェネラリストをどう見るか、近世と近代の違いをここに見ることができるかもしれない。

本草学者・物産家としての蒹葭堂

当時、本草学という中国から渡来した学問がようやく日本において定着する時期にあった。煎じて飲めば薬になる植物（薬草）が中心だが動物や鉱物も含み、それらを収集して整理し分類するのが本草学である。最初は中国伝来の薬草の同定から始まり（李時珍の『本草綱目』の翻訳）、その後日本に自生する同種の薬草の探索となり（貝原益軒の『大和本草』）、そして日本独特の薬草の発見と分類（小野蘭山の『本草綱目啓蒙』）へと続いた歴史は、本草学という科学が日本に定着していく過程と読み取ることができる。この流れの中で、小野蘭山は種の認知を目的とする狭義の分類学のレベルにまで進んでいたのだが、分類群の命名・既存の分類群との異同・学名についての研究などの次のステップ、そして分類群の分類体系における位置づけという体系分類学の最終ステップを構築する段階にまで進むことはなかった。蘭山は本草学を博物学へと発展させたのだが、そこに止まってしまったと言えそうである（大場秀章「小野蘭山と植物分類学」小野蘭山没後二百年記念誌編集委員会編『小野蘭山』、八坂書房）。なぜだろうか。その鍵は、以下にあるように学問を進める上での日本の（あるいは江戸期の）後進性にあったのではないかと推測している。

兼葭堂は一六歳のとき、大坂で本草会を催していた津島桂庵に入門して本草学を学ぶことになった。三年後に桂庵が亡くなったので以後は長く独学であったのだが、なんと四九歳になって小野蘭山に入門し熱心に研究したのである。その頃、本草学に刺激されて薬草だけでなく健康に良い各種の産物や特産品を日本各地から集めて展示・販売する物産会が開かれるようになり（平賀源内が湯島で物産会を開き、そのカタログをまとめたことが有名）、「物産学」という本草学とは異なった実用の学問が育っていた。兼葭堂は、物産会に出品したり、珍品を買い込んだり、同好の人々と交流したりして、『郷友録』にあるように物産家としても分類されるようになったのである。しかし、物産学と本草学において重要な相違点があった。

そもそも、小野蘭山が一三歳のときに松岡恕庵に入門するとき、束脩（入学金）を必要とする他に、師の講義を外部に漏らさないこと、研究成果の出版には師の許可が必要なこと、門を離れる際にはノートなどを師に返納すること、別伝秘説は父子といえども伝えないことなど、多くの厳しい約束をさせられた。本草学という学問が家の学として閉じており、門外不出とすることが強要されたのである。その習慣を蘭山も踏襲しており、兼葭堂も入門の際にこれと同じ「誓盟書」を提出している。この厳しい縛りに兼葭堂は実に窮屈な思いをしたのではないだろうか。

物産学は、海のものとも山のものともわからない産物に関する知識や経験を自由に交換することが基本になる。それによって思いがけない使い方が見つかり、新しい可能性が開発されていくことで発展していくからだ。ところが本草学に入門した兼葭堂は、相当広範な物産学に関する研究成果を持っていたのだが、発表できたのはそれらの一部に過ぎず、それもほとんどが没後になったと言われている。江戸の科学の限界（後進性）がここにあったのだ。

浪華（なにわ）商人としての兼葭堂

木村兼葭堂については、まだまだ多くの語るべき話題はあるが別の機会に譲ろう。最後に、たった一年に金三〇両しか仕送りを受けていないのに、膨大なコレクションが可能であった背景には大阪商人のど根性があったという中村真一郎の推測を書いておこう。兼葭堂は大坂に設けられた諸侯の蔵屋敷に日常的に顔を出し、大名たちが豊かな町家から膨大な借金をする仲介を行なってコミッションを手に入れていたのではないか、さらに、自分のコレクターとしての名声を利用して、蒐集品（しゅうしゅうひん）のうち不要になった物を高価で大名や豪商に売りつけ、感謝されながらコレクションの運営費を稼いでいたのではないか、というものだ。兼葭堂は一切口を拭って何も語っていないのだが、どうやらそれが真相のように思える。兼葭堂は、やはりしたたかな浪華商人だったのである。そうして稼いだお金で何の役にも立たない博物学の物品を買い集め、文化のサロンを開いて知的な会話を楽しむ、なんだか兼葭堂がえらく羨ましく思えるのは私だけではないだろう。

（GRAPHICATION No.195, 2014.11）

町工場の技術の生きる道

明治維新のときに科学革命と産業革命が同時に訪れた日本では、科学と技術を一体として考えるのが通例で、もっぱら「科学技術」と一言で表現する。本来は、科学と技術は別々の営みだから私は「科学・技術」と書くことにしているが、厳密に区別して使っている人は少ないようだ。それは、日本人はどちらかと言えば抽象的な科学理論より具体的な技術に長けており、「縮み志向の日本人」と評価（揶揄？）されたように、既に存在する手法をより洗練されたものへと改良・改変し、より精細な製品へと磨き上げることが得意であったためだろう。それを現場で担ってきたのが町工場の職人集団で、今後もかれらの技術抜きにして日本は立ち行かないのは確実である。それを「伝統的先端技術」と呼びたいのだが、日本における町工場的ものづくりの過去と現代を考えてみよう。

鉄砲技術の盛衰

日本における鉄砲製作は職人が町工場的に集団を組んでチャレンジした先端技術で、栄枯盛衰を経た歴史はなかなか興味深い。

一五四三年、種子島に漂着した中国船にポルトガル人が同乗しており、日本人がまだ見たこともない新しい兵器「鉄砲（火縄銃）」を持っていた。これを見て地元の豪族であった種子島時堯は、二挺を金二〇〇〇両で買い取ったという。現在の価格にして約一億円で、非常に高い買い物であったが、威力ある新兵器に強く魅せられたに違いない。さっそくその一挺を手本にして、鍛冶職人の八板金兵衛に複製を作らせた。銃身の尾部をふさぐネジの製造法がわからず苦労したが、一年で国内初の「種子島銃」の製造に成功したと伝えられる。

もう一挺は、時堯と知人であった紀州の津田監物が譲り受け、根来で刀鍛冶をしていた芝辻清右衛門に命じて複製を作らせ、早くも一五四五年には紀州一号の火縄銃が完成した。これによって、根来衆およびその近傍の雑賀衆が鉄砲集団となり、戦国時代に大いに活躍することになったのである。一五七五年の武田軍との長篠の戦いにおいて、織田信長が三〇〇〇人の鉄砲隊を三列に分け、最前列が撃っている間に後ろの列では弾を込め、発射し終わると後退して二列目が前に出て発射し、その次に三列目が前に出るという方式（「三弾撃ち」）で、途切れなく銃撃することができたという史実はよく知られている。実は、これは雑賀衆の「伝説の鉄砲使い」と言われた雑賀孫一の作戦から学んだものらしい。というのは、一五七〇年に織田信長が一向宗本願寺を攻めたとき、本願寺側についた雑賀衆が鉄砲隊を二列に並べて連続発射したため、織田軍は手痛い敗北を喫した過去があったのだ。

堺の商人の橘屋又三郎が種子島を訪れて八板金兵衛に弟子入りしてその製造法を学び、やがて堺も鉄砲の一大産地へと成長した。雑賀も堺も貿易港として栄えており、鉄砲の弾に必須な火薬（硝石）を輸入することができたことが、鉄砲鍛冶が盛んになったもう一つの要因であったらしい。

鉄砲生産でもう一カ所活躍したのが近江の国友村（現在の長浜市国友町）である。一五四四年に将軍足利義晴が見本を示して管領細川晴元に鉄砲製作を依頼し、刃物・刀剣・農具・錠前などの生産を行ない「国友鍛冶」と呼ばれた職人集団がいる国友村に持ち込まれた。これを引き受けたのが鍛冶職人の（国友）善兵衛で、二挺の鉄砲を試作して献上したのが最初とされる。以後、長篠の戦いでの大量の火縄銃の製作や大坂冬の陣での大筒（大砲）を生産するなど、堺と並んで幕府の御用を務めるようになった。最盛期の国友には七〇軒の鍛冶屋、五〇〇人を越す職人がいて、銃身を作る「鍛冶師」、銃床を作る「台師」、引き金やからくりと呼ばれる部品を作る「金具師」と分かれ、象嵌を施す専門の職人などもいて分業体制がとられていた。さしずめ鉄砲鍛冶の町工場的団地が形成されていたのである。鍛冶銘はすべて「国友」で統一されており、職人衆の結束が強かったことがわかる。

鉄砲製作技術が進んだ理由の一つとしてネジの発明が挙げられる。始め銃尾をふさぐためのネジの切り方がわからず、暴発するとか、銃身が安定せず命中率が低いなどの困難があった。それを解決したのは国友村の「次郎助」とだけ伝えられる人物で、ネジの製造法を確立して鉄砲の大量生産を導いたのである。当時、鉄砲以外にネジを使う機器はほとんどなく、ゼロからの工夫が必要とされたのだが、一職人がそれを成し遂げたことが鍛冶集団の実力の高さを象徴していると言えよう。

こうして、最初日本には鉄砲がたった二挺伝来しただけだったが、一六世紀末にはヨーロッパ全体の保有数を超え、世界全体の五〇%までも占めるようになった。戦国時代の日本は世界有数の鉄砲保有国になったのである。しかしながら、江戸幕府の平和政策によって鉄砲の注文が減り、鉄砲鍛冶師としては失業し（同じ火薬を使うこともあって）花火師に転向していった。また、幕末になれば火縄銃は時代遅れとなって鉄砲技術そのものも廃れていったのである。以上のような、鉄砲技術という町工場的ものづくり集団の盛衰は何を語っているのだろうか。

技術の宿命

銃のネジのように、技術には急所とも言うべき部分があり、それを乗り越える（あるいは、より合理的で単純に実行できる）方法の発見が決定的となることが多い。一番弱い部分にどれだけ有効な新機軸が打ち出せるか、それが技術の勝負なのである（ＬＥＤで窒化ガリウムを発見したように）。そして、外部から弾に推進力を与える火縄銃から、弾内部に撃力を含む拳銃に変わっていったように、技術が機能する原理的世界における斬新な方法が次の発展にとって欠かせないのは当然である。もっとも、今の方式のまま「ネジ」を探し求め続けるのが良いのか、同じ製品でも作動の基本原理を「拳銃」のようにより合理的なものへと転換を図るべきか、さらにその製品の社会的需要から思い切って別の製品へと大転換すべきなのか、技術者集団はむつかしい選択をしなければならない。それが技術を根本で支える町工場の宿命かもしれない。

その一つのヒントに、江戸時代後期に現れた国友一貫斎（いっかんさい）（一七七八〜一八四〇年）の事蹟がある。彼は鉄砲鍛冶の家系に生まれて伝統の名前である藤兵衛の名を継いだが（彼は九代目）、鉄砲製作には先行きがないことを見通していろんなものに手を出したことが知られている。まず、一八一四年にはオランダから伝来した玩具の空気銃（「風砲」と呼ばれていた）を手に入れ、原理を探るとともに工夫を加えて初の国産空気銃（空気の圧力で弾が飛び出すので「気砲」と呼んだ）を完成したのが一八一九年である。さらに銃身上部に弾倉を設置して二〇発の連射が可能になるようにした。同じ時期、ヨーロッパではさらに強力な空気銃が発明されていたようだが、玩具から出発してここまで仕上げたのには感心する。外部から点火しなければならないという火縄銃の限界を克服し、人を殺すためではなく獣の狩猟に使える鉄砲を、と考えたのだろう。

さらに、一八三二年頃から反射望遠鏡の製作を開始し、一八三四年に完成した。その第一号を上田市立博物館が所蔵（重要文化財）している（現存しているのは四本）。主鏡は錫を多く含む青銅の鏡材を工夫して二〇〇年近く経っているのに曇っておらず、現代でも観測が可能であるそうだ。また、鏡筒も耐蝕性に優れていて錆（さび）がなく、耐熱性があって歪みがない。一貫斎は月を観察してより鮮明に見えるよう主鏡の研磨を行なったようで、最初は粗末なスケッチであったのが最後にはクレーターまで詳しく描写した月面図となっており、その性能がぐんぐん向上したことがわかる。やがて、彼は天体観測そのものに興味を持ったのか、太陽の黒点を毎日数えるうちにその自転に気がつき、金星や木星や土星を正確な大きさで描くとともに、土星の衛星タイタンをも書き加えている。鍛冶の技術を望遠鏡という文化のための道具に活かそうとして、天文学にのめり込んでいったのだろう。

望遠鏡以外に一貫斎が発明（改良）したものに、魔鏡（光線の具合で背面に描かれた模様が浮き出てくる鏡）、玉燈（油ランプ）、発火火箸と火打ち、水揚げポンプ、潜水具などがある。さらに懐中筆（万年筆）もあり、何だかシャープペンシルの製造から始めて一流の電気メーカーにまで成長した会社を思い出してしまう。国友一貫斎は火縄銃に見切りをつけ、自分が持っている技量が発揮できるものをアレコレ探し求めたに違いない。世が世であれば大成功を収めていただろうと残念である。職人的ものづくりの原点とは、当たり前だが、優れた技術を生かす可能性を常に求め続け拡大することではないだろうか。

超小型衛星

翻って現代のものづくりに場面を移そう。現代は、一人の職人的技術で生き残る時代ではなく、さまざまな要素技術を結び付けた総合的技術として生き抜くご時世ではないだろうか。そこで、大型ロケットによる人工衛星や探査機打ち上げに相乗りできるのを利用して、町工場の集団が超小型衛星（や探査機）を宇宙に送る試みを通じて、技術力やその可能性の向上を図る試みを取り上げてみよう。

一九九九年頃から小型ロケットで打ち上げる「缶サット（缶ジュースサイズの人工衛星）」や、ロシアの飛行船やＩＳＳ（国際宇宙ステーション）に相乗りして小型衛星を打ち出す試みがあり、二〇〇九年からは日本のＨ－ⅡＡで相乗りできるようになって「まいど1号」など既に二二機が無償で打ち上げられたそうである。超小型衛星とはその重量が一〇〇キログラム以下（さらに小型の一〇キログラム以下を「ナノサット」と呼ぶらしい）で、上空で本体と切り離されてから、ある期間は確実に自律的に作動し、目標とした観測（や機器のテスト）を行なってそのデータを地上に伝えるという任務を全うすることが求められる。

私たちの頭上を飛翔する人工衛星となれば、耐震性（重力の何倍もの力を受ける）、耐熱性（周辺の温度が二〇〇度以上変化する）、耐宇宙線、超真空、微小電波の送受、データ処理と輸送、方向制御、搭載小型エンジンの遠隔操縦など、多くの異なった要素技術とその組み合わせが不可欠であり、部品を小型化するために材料・サイズ・性能などを徹底的に吟味しなければならない。それも特殊な宇宙用製品では高くつくから、なるべく一般に入手できる部品や材料であるのが望ましい。打ち上げは無償だが、衛星製作の費用はすべて自前だから巨額の費用はかけられず（三億円くらいが相場らしい）、衛星が成功したといっても儲かるわけでないからだ。科学目標とともに（それ以上に）、人材養成、新技術のテスト、材料の実証試験、製作物の耐性検査、コスト削減への挑戦、アピール効果などを狙っている。技術実践を集約する場というわけだ。それによって新しい技術的可能性が発見できれば大成功である。多くの分野が集まる町工場集団にとっては、働く人たちの技術の修練になるとともに、いかに高級な技術を有しているかを宣伝する機会とすることもできる。だから今後は、国が人工衛星製作費用を出し町工場の技術コンクールの場として競わせるのも良いのではないだろうか。

一九七〇～八〇年代の日本のロケットは超小型衛星規模の重量しか打ち上げられず、非常な工夫をして科学衛星を製作した。その甲斐あって、日本は速(クイック)く、安(チープ)く、見事(ビューティフル)な腕前で人工衛星を打ち上げると国際的に評判になり、ＮＡＳＡ（アメリカ航空宇宙局）も日本流を見習うこととしたのであった。困難な条件を逆手にとって「クイック・チープ・ビューティフル」を追求する、ものづくりの原点はこの目標へのチャレンジにあるのではないだろうか。

（GRAPHICATION No.196, 2015.1）

塔(タワー)を使った科学実験

塔(タワー)とは、地上から空中へ高くそびえたつ建造物のことである。これを科学の実験に使うとすると、高さの差によって生じる重力の大きさの差の利用ということになる。よく知られているのが、ガリレオが行ったとされる(伝説らしいが)ピサの斜塔から重いものと軽いものを同時に落とし、いずれが速く地面に到達するかを比べた自由落下の実験だろう。重力の働きそのものを調べたものである。その重力は光にも作用する。では、上階から下階に向かって光を落下させればどうなるだろうか。重力の作用によって光の波長がほんの少しだが確かに変化するはずである。また、高い場所と低い場所での重力の大きさの差は、一般相対性理論によれば時空構造に影響を与えているはずである。それはどんな実験によって検証できるだろうか。タワーを使った実験として、重力に関わる三つの話題を取り上げることにしよう。

自由落下の実験

物体が、空気の抵抗がなく、重力の作用のみで落下運動をすることを自由落下という。アリストテレスはごく常識的な人間だから、高い所から物体を落として落下させると、重いものの方が軽いものより早く落ちると言った。実際、小石、木の葉、羽毛を同時に落下させれば、この順で重いものの方が軽いものより速く地面に到達する。それは誰しもが知っていることであり、疑う余地がない常識であった。ただし、これは空気抵抗が作用しているためであり、自由落下運動ではない。

それでは、空気抵抗をほとんど無視できる大きな鉄の球と小さな鉄の球を同時に落とせばどうなるだろうか。アリストテレスなら、大きな鉄の球の方が小さな鉄の球より重いのだから、より速く落ちると答えるだろう。では、二つを紐で結んだら、よりいっそう速く落ちるのだろうか、それともより遅く落ちるのだろうか。大きな鉄の球がより重くなったのだから、より速く落ちるというのがアリストテレス流の回答である。しかし、落ち方の小さい鉄の球と結ばれているのだから、小さい鉄球が遅く落ちようと足を引っ張るから、大きな単独の鉄の塊より落ち方が遅くなることも考えられる。さて、どちらが正しいのだろうか。

ガリレオがこの問題を解決すべく行なったのがピサの斜塔の実験という逸話になったようなのだが、実は鉄の球では落下時間が短すぎてとても落下の差が測れないことがわかっていたから、始めからそんな実験を行わなかったというのが事実のようである。

その代わり、ガリレオは巧妙な工夫をした。つるつるにした斜面にまん丸の鉄の球を落とす実験に切り換えたのだ。斜面にすることによって落下速度が小さくなり、当時使われていた水時計でも落下速度を測定することができるからだ。その実験によれば、重さを変えても落下の速さは同じで、差はないということになった。重力の作用のみで落下する場合は、落下速度は重さに関係しないという重要な結論が得られたのである。そして、球が坂道を転がるにつれ、一定の割合で速度が増していくことも発見した。こうして重力の作用下での運動が明らかになったのである。

およそ物理学と縁のなさそうな中原中也に、「タバコとマントの恋」という空間落下に関係する面白い詩がある。

タバコとマントが恋をした
その筈だ
タバコとマントは同類で
タバコが男でマントが女だ
或時二人が身投心中したが
マントは重いが風を含み
タバコは細いが軽かったので
崖の上から海面に
到着するまでの時間が同じだった

神様がそれをみて
全く相対界のノーマル事件だといって
天国でビラマイタ
二人がそれをみて
お互の幸福であったことを知った時
恋は永久に破れてしまった。

重いマントも軽いタバコも同じ速さで落下したのは相対論が予言していた通りだとして、神様が天国でビラをまいて祝ったというのだ。空気抵抗を考えているので自由落下ではないし、相対論も関係しない。さて、なぜ神様が祝ったのかわからないが、リズム感があって何となく奇妙な味わいのある詩である。

ガリレイの話を続けよう。ガリレオはさらに重要なことを発見した。球が坂道を転がり落ちるときはだんだん速度が増し、球が坂道を登るときはだんだん速度が小さくなってゆく（やがて止まり、反転して落ちてくる）。ならば、球がまっ平らの面を転がるときはどうなるだろうか。その中間、つまりそのまま一定の速度で動き続けることになると予想される。アリストテレスは物が動くためには絶えず物体に力を加えて押し続けていなければならないとしたのだが、押し続けなくてもそのままの速度で運動し続けると考えられるのだ。こうして、ガリレオは慣性系（力が働かなければ物体は静止し続けるか、一定の速度で運動し続ける系）の概念に到達したのである。

ガリレオは、塔（タワー）をそのまま使ったわけではなく、斜面を利用するという巧妙な方法によって自由落下の法則と慣性系の存在を予見し、ニュートンが力学を構成する上で重要な役割を果たすことになったのである。

重力を感じる光

アインシュタインは、幼い頃、光と一緒に飛んだら光はどのように見えるのだろうと考えたらしい。このように光に特別の関心を抱いていた彼は光に関しても重要な業績を残している。例えば、光電効果として知られる、セレンのような金属に光を当てると電子が飛び出してくる現象を、光はその振動数に比例するエネルギーを持った粒子（光量子）という見方を提案して解決した。量子論の先駆けである。

光は重さがゼロでエネルギーだけをもつ波（電磁波）である。万有引力は質量を持つ物体同士に働く力なのだから、光は質量を持たないから万有引力は働かないと考えられてきた。ところがアインシュタインは、特殊相対性理論によってエネルギーは質量と等価であり、エネルギーは質量に換算できることを明らかにした（有名な$E=mc^2$）。さらにアインシュタインは一般相対論を発表して、エネルギーを持つ光にも万有引力が作用することになる。そうすると、エネルギーを持つ光にも万有引力をより一般的な重力（光速で伝播し、場として記述できる力）に置き換え、重力が働いている場の空間は歪んでいるとした。その結果、空間の歪み（つまり重力の効果）を考慮すれば光はさらに曲げられ、特殊相対論による予言の二倍になることを示した。実際、日食の際に撮った太陽周辺の星空の写真と通常の夜間に撮った同じ星空の写真を比べて、日食時に太陽のすぐ傍を通った光が太陽の重力によって曲げられており、その屈折角が特殊相対論の予言のきっかり二倍であることが示された。これが一般相対論の最初の検証観測となったのである。

太陽のような強い重力場では、光の曲がりがはっきりと見える（といっても角度にして一・八秒角とごく小さいのだが）。もっと軽い地球の、それも数十メートル程度のタワーでの重力差を使って、光に重力が作用することを示せないだろうか。単純に考えれば、タワーの最上階から下方に光を放ち、地上に達したときに地球重力の作用によってどれくらい波長が変化しているかを測定すればよい。しかし、例えば高さが三〇メートルのタワーのてっぺんと地上との間に生じる光の波長（エネルギー）のズレは一億分の五程度でしかなく、これほど小さなズレをどのように検出するかが問題である。

ところが、うまい方法が発見された。メスバウアー効果である。一個の原子核が励起状態から光の一種であるガンマ線を放出すると、その反動でガンマ線のエネルギー（波長）が少しずれるのだが、放出する原子核ごとにズレの量は少しずつ異なっている。そのため、多数の原子核からガンマ線が放射されると、その波長はある広がりを持つようになる。ところが、原子核が結晶格子に強く束縛されていると、放射の反動を格子全体で受け止めるのでエネルギーのズレは極めて小さくなる。つまり、放射されるガンマ線の波長が揃うので単色になり、いったん放出されたガンマ線を基底状態にある原子核に共鳴吸収させる（ちょうどエネルギーレベルが一致してスポッと吸収される）ことができる。これがメスバウアー効果で、この現象を利用するのである。

今、タワーの最上部で原子核から単色のガンマ線を出させ、それを地上まで送って基底状態にある原子核に吸収させるとする。ところが、重力の作用でガンマ線の波長はずれている（短くなっている）から共鳴吸収は起こらない。波長のズレによってエネルギーレベルが合わなくなっているからだ。そこで、そのまま鏡でガンマ線を反射させて上方に向けて送り返すと、最上部に置かれた原子核にはちゃんと共鳴吸収が起こる。反射したガンマ線は、今度は重力に逆らって運動するので、元の（長い）波長に戻っているためである。こうして、重力の作用でガンマ線の波長がずらされる（短くなったり長くなったりする）ことが示せるのだ。

しかし、実際に重力によってどれくらい波長がずらされたかを見たい。そのために、地上側の受け手の原子核を最上階から放射する原子核に対して運動させ、共鳴吸収が起こさせることを考える。その原子核から見れば、運動している速度分だけ向かってくるガンマ線はドップラーシフトして見えるから、重力の作用による波長のズレを補う量だけシフトし、ちょうどキャンセルし合って共鳴吸収の条件を満たすようになる。その速度の大きさからドップラーシフトした分の波長のズレを求めることができる。実に微妙な実験だが見事に成功した。世の中、考えれば何かうまい方法が見つかるものである。

重力による時間の遅れ

最後に、塔を利用した最も簡単な一般相対性理論の検証法を述べておこう。三〇メートルくらいのタワーの最上階と地下にそれぞれ原子時計を設置し、時間の進み方がどう異なるかを調べるという単純な方法である。一般相対性理論によれば、重力が強い場では弱い場に比べて時間の進み方が遅くなる。従って、重力の強い地下の原子時計の方が、重力の弱い最上階の原子時計より歩みが遅くなって遅れるのだ。その大きさは先と同じで、一秒について一億分の五秒程度という小さい量である。そのため、この実験の急所は、最初に二つの時計の時間合わせを厳密にやることで、後は放っておくだけでよい。しかし、非常に微妙な実験だから、環境管理（温度や湿度など）を完全にし、一切の雑音（地震や地響きや風圧など）を遮断し、他の重力を及ぼす効果（月の潮汐作用や人間が機械に近づく影響など）も避けねばならない。

かつては、原子時計をジェット機に乗せて時間の遅れがどれくらいになるかを測定していた。高さが一〇キロメートルになる分だけより重力が弱くなり、地上の時計と比べて時計の歩みの差が大きく出るからだ（ほぼ一〇〇万分の一秒＝一マイクロ秒の桁になる）。もっとも、飛行機は速いスピード（時速一〇〇〇キロメートル）で飛んでおり、それによる特殊相対論による時間の遅れ効果を取り除かねばならず（ほぼ同じオーダーである）、詳細な計算が必要であった。現在では、一億分の一のオーダーの差異も容易に検出できるので、塔に原子時計を鎮座させるだけでよくなったのである。精密実験ができるようになった分だけ、小さな塔でも重力の差が検出できるというわけだ。

（GRAPHICATION No.197, 2015.3）

グリーン・イノベーションという試み

私は、一〇年以上前から「地下資源文明から地上資源文明への転換の時期を迎えている」と言い続けてきたのだが、実際に自分の手足を使って活動したわけではなかった。そのため、それでは口先だけの評論家ではないかと言われても文句が言えなかったのだが、大学を辞めて完全にフリーになったのを機会にして、以下のような活動にようやく重い腰を上げるようになった。むろん多くの人々に手を引っ張られてのことだから、まだ本格的な第三の人生の活動とは言えないが、ゆっくりと着実に育てていきたいと思っている。そのキャッチフレーズが「グリーン・イノベーション」で、博物館を軸にして伝統的技術や知識を活かしつつ地上資源を有効活用するための場を作り出すとともに、そこに子どもたちを呼び込んで未来の文明のあり方を伝えようという試みである。題して「ＡＢＣ大作戦」で、またもや大風呂敷かと言われそうだが、私たちの活動が未来へのメッセージになればと思っている。

けいはんな学研都市

その前に、この活動の拠点となる場所を紹介しておこう。京都府と大阪府と奈良県の三つの府県が接する辺りに「関西文化学術研究都市」、愛称「けいはんな学研都市」(略して「けいはんな」)がある。そもそもは、京大総長であった奥田東(あずま)が、ローマクラブが書いた『成長の限界』を読んで共鳴し、一九七八年に地下資源に依存しない新産業・新文化の発信拠点とすべく提案したものである。奥田氏がこんなに早い段階で、地下資源文明からの転換を考えていたことに感心する。

折しも日本経済はバブルの盛りで、一九六〇年代に造られた「つくば研究学園都市」構想が成功したこともあって、関西にも同様の学術研究都市を造ろうとしたのだ。国土庁(現在の国交省)のパイロットプラン、三府県合同の基本構想と土地の確保、一九八七年の「関西文化学術研究都市建設促進法」の公布・施行と、ここまでは順調に進んだのだが、やがてバブルが弾けてしまった。撤退したり参加を取り止めたりした企業もあって、現在は約一〇〇の施設があるが、「つくば」の約三〇〇と比べると大いに見劣りがする。日本は東京中心の国だから、まず東京エリアが先行して関西は二番手となるのが習い性となっており、成田空港と関西空港を比べてみてもわかるように、学研都市でも国の熱意が異なっているのがありありと見える。

この「けいはんな」に国際高等研究所がある。現在は公益財団法人で、産官学の協力によって先進的な研究分野や課題を研究する、いわば「けいはんな」の頭脳に当たる役割が期待されている研究所である。その目的として、「学術の芽」を発掘し、「問題発掘型」の研究を育成することを掲げ、「世界の英知を集め、人類の未来と幸福のために、何を研究すべきかを研究する」と宣言している。世の中の役に立つ「問題解決型」の研究ばかりが隆盛する今日、「問題発掘型」の「何を研究するかを研究する」ことを看板とする研究所はユニークで貴重ではないだろうか。「問題解決型」の研究は現在のことしか考えないが、「問題発掘型」の研究は未来への構想・提案を目指しているからだ。

この国際高等研究所の次のプロジェクトとして、私たちは（まだ同志は五人くらいだが）「グリーン・イノベーション推進拠点」構想を提案しようと考えている。研究者だけの「学術研究」に閉じず、大げさに言えば、地域での文理連携の実践を通じ、子どもたちも巻き込んで文化としての科学を実践する試みである。

ABC大作戦

ここで言う「グリーン・イノベーション」とは、地下資源文明に慣れきった頭を地上資源文明（グリーン）へと切り換え刷新（イノベーション）することを意味し、そのための研究を行なうとともに、現在可能なところから学習・交流・普及の活動を始めようというものである。そのために「ABC大作戦」と称する三つの柱を建てており、それぞれ独自の活動をしながら、有機的に関連させることによって互いに補完し合う関係になることを目指している。ABCは三つの柱の英語の頭文字だが、以下のようにその戦略内容を具体的に表現するよう工夫し（こじつけ）たものである。

Aの柱「オールターナティブ」（Alternative）

その最終目標は「地上資源文明研究所」の設立とそこに併設する「グリーン・イノベーション研究博物館」で、もう一つの文明の探究を目の当たりにする機関を実現させることである。そこで行なう活動は、

(1) 地上資源文明構築のための研究会やセミナーを通じて多方面の研究活動の集積と紹介を行なう（地上資源文明研究所）

(2) 大学の研究現場や関係企業のＰＲ活動も含めた地上資源活用の展示と実演と講習会を通じての実践活動の紹介（グリーン・イノベーション研究博物館）

である。

Bの柱「ビギナー」（Beginners）

伝統的財産や技術を持つ（全国の）小規模博物館を活用して、地域の人々や子どもたちが交流し伝え合う場とすることが目標である。私たちはこれを「伝統的未来技術」と、些かパラドキシカルな呼び方をしている。「伝統」という過去を「未来」に活かそうというわけだ。そのため、

(1) 地域にある産業界・大学・国や自治体の博物館に加え、さまざまな過去の伝統的財産・技

術を掘り起こしている地域の博物館のネットワークを組んで「連携博物館」として相補的な展示・催しを企画し、

(2) それらのうち、特に「小さな博物館」だけを横につなぐネットワークを構築して「ガイドブック」に出ていない博物館のガイドブック」として紹介し、誰もが気楽に閲覧し、博物館活動に参加できるようにする

そのような活動を通じて初心者であっても博物館を軸にして伝統文化に親しめる場とする。

Cの柱「子どもたち」(Children)

次代を担うのは子どもたちであり、さまざまな科学体験を通じて科学に親しむ環境を作るとともに、未来の文明のあるべき姿を考える機会とするのが目的である。二〇一四年六月に、京都や奈良の大学と協力し、関西文化学術研究都市推進機構と地元の精華町が中心となって「K-SCAN」(けいはんな―科学コミュニケーション推進ネットワーク)を立ち上げて活動を開始している。その内容として、

(1) 毎年一回の「科学体験フェスティバル」にさまざまなイベントを準備して、多様な科学の取り組みを紹介する(二〇一五年二月七日に第一回、二〇一六年二月六日に第二回のフェスティバルを開いたが、親子連れなど二〇〇〇人近くが参加して大盛況であった)

(2) 一回きりのイベントだけでなく継続して行なう科学実験教室、自然観察教室、環境ワークショップ、科学映画会など「科学体験プログラム」を通じて経年的に科学活動を組織する

（既に八件ほど、一年に四～八回開催されるプログラムが進められている）

(3) 科学絵本やビデオ教材などの科学教育のコンテンツ制作と配布を行なう

(4) ＳＳＨ（スーパー・サイエンス・ハイスクール）や高校の理科クラブの成果発表会を開催し、大学教員からのアドバイスをもらう機会とする

などがある。このＣの柱は活動内容が具体的であるだけに、先行して進んでいる。

三つの柱に共通した課題

三つの柱が具体的な活動内容とすると、それらを進めていく上で共通した課題が浮かび上がってきた。それらは、

(1)「けいはんな」に立地する機関や企業、近隣の大学の教員、周辺に居住する研究者やＯＢの協力を得ることが不可欠である。Ａ、Ｂ、Ｃのどの一つの課題をとっても多くの人の協力が欠かせないことは明らかで、どれくらい趣旨に共鳴してボランティアで参加してくれるかが鍵となっている。私の狙い目は学校の先生の（定年）退職者で、せっかくの能力や経験があるのだから、それを活かす場として捉えてもらえればかなりの活動が期待できるだろう。「退職教員の会」でも組織しようかと思っている。

(2) 情報通信技術（ＩＣＴ）を活用して学研都市に立地したり関係したりしている中小企業やベンチャーの参加を促すとともに、ウェッブ上で参加するオープンサイエンスの参加者を募

り、誰でもが簡単に（現場に足を運ばなくても）活動に参加できる環境を整備することが重要である。実際、（仲間の一人が）フェイスブックを巧く利用して「グリーン・イノベーション活動」の賛同者を増やしており、普通のおばさんたちもこれに参加しているのには驚いている。ＩＴは私が最も苦手とすることなのだが、新しい可能性であるので追求する価値がありそうである。

(3) 子供たちが参加する科学体験プログラムは先行して行われているが、けいはんな学研都市の強みを生かした立地企業の研究現場の見学や研究者との交流を行なって、実際に科学が生きていることを実感する場を提供することが必要だと思っている。同時に、地上資源文明への転換が不可欠であるという考えに確信を持たせるため、地元の里山を利用した起業や伝統技術の実践のような多様な活動を今後工夫していかなければならないだろう。

未来へのメッセージ

このような活動を通じて、特に子どもたちにしっかり伝えていきたいメッセージがある。その一つは、「ローマは一日にして成らず」されど「ベルリンの壁は一夜にして崩れた」である。グリーン・イノベーションとはそのようなもので、なかなかすぐには実現しないが、ゆっくりとでも同調者が増えていけば一気に花が咲く、そう考えようということだ。何事でもそうだが、焦らず成熟の時期を待つのが肝要なのである。

二つめは、「ほんの小さな一歩でも、それをステップにして次に進み、そこで新たなチャレンジをする、その積み重ねが大事」ということ。要するに、階段を一段ずつ登るようなもので、その一歩一歩をしっかり踏みしめていけば、必ず高みに達して展望が開けるようになると確信を持とう、その途中経過が大事なんだから、とのメッセージである。

そして三つめは、「常に未来を考える癖を身に付けよう」ということ。私たちは今を生きているが、私たちが今を生きることによって、未来にどんな遺産を残すことになるかを点検しながら生きよう、そう呼びかけたいのである。その意味では、原発の放射性廃棄物といい、莫大な国家の借金といい、切り刻んで取り返しがつかなくなっている自然といい、私たち年をとった大人は未来に負の遺産しか残していない。そんな過ちを繰り返さないよう、若者たちには未来のことを想像することを忘れないで生きて欲しいと思う。

つまり、グリーン・イノベーションの試みとは、次の世代にこの三つのメッセージを伝える私の人生の遺書なのである。

（GRAPHICATION No.198, 2015.5）

過去に目を閉ざす者は

　若い頃、中間試験や期末考査の時期になって教科書を丸暗記しようとしたけれど、なかなか覚えられず、頭の悪い人間に産んだ両親を恨んだものである。成長するにつれ、そもそも丸暗記しようなんてことが間違いで、要点だけを記憶しておいて芋づる式に関連事項を手繰り出せばいいことに気が付いた。つまり、ＤＶＤのように全体を丸ごと直列に記憶するのではなく、記憶すべき事柄をいくつかのカテゴリーに分けてそれぞれを関連ある項目に分類しておき、思い出す時には各項目から少しずつ集めて組み合わせる並列方式の方が人間の脳の働きによく合っているのである。これは主に知識の記憶のことだが、その他の日常経験の記憶にも共通している。しかし、そのような並列型記憶方式のためにかえって物忘れを誘発したり、記憶喪失となったり、認知症で過去と遮断されてしまったりすることにもなるらしい。また、多くの場合で記憶を増強することが求められているのだが、すべてを覚えているのが大事であるわけではなく、忘却することも重要な意味を持つことがある。これら記憶に関わるさまざまなことを思い出すままに書き綴ってみよう。

脳の構造と記憶

最近、ミチオ・カクの『フューチャー・オブ・マインド』（斎藤隆央訳、NHK出版）を読んだ。心、意識、感情、感覚、思考、知能、記憶、夢、意志など、脳に関わるさまざまな作用の仕組みがどこまで明らかにされ、今後どのようなことまで可能になるかを予想したものである。もし彼の言う通りならば、将来私たちの脳の内部が調べ尽くされるとともに、その知見を用いて外部から脳を操作することを通じて人間をコントロールできることになってしまう。例えば、微妙な脳波の変動の測定を通じて何を考えているかを探り出せるようになると、反対に別の脳波を人為的に励起させて心で思っている内容を変えてしまうなんてことが可能になるというわけだ。

記憶に関することでいえば、薬を飲んで記憶を増強したり消失させたりできるだけでなく、ヘッドギアを付けると全く別の記憶がインプットされ、実際には行ったことがない外国の都市の光景が思い浮かべられたり、実際に経験したことがない有名女優と一夜を共にした甘美な思い出が蘇ってくるなんてことも夢ではない。この「記憶マシン」ができるとその虜になってしまい、もはや誰もＤＶＤで映画を楽しむなんてことをしなくなるだろう。なんだか面白いＳＦが書けそうだが、こんなマシンはおそらく不可能だろう。しかし、記憶の詳細が解読されたらこんなことも可能になりかねないのである。

この本で、カク氏は意識の時空理論と称して、意識の構成の仕方とそれを司る脳の領域によって生物を四種に分類する。そしてそもそも「意識」とは、「生物が目標を成し遂げるために外的環境との反応を使って客観世界との関係を構築する過程」と定義している。単純に言えば、生物の目標とは生きることと子孫を残すことであり、そのために客観世界をどう認識しどのような活動をしようとしているか、に他ならない。生物の四種とは、

レベル	生物の種類	環境物	脳構造
0	植物	温度、日光	なし
Ⅰ	爬虫類	空間	脳幹・小脳・大脳基底核
Ⅱ	哺乳類	社会関係	大脳辺縁系（海馬・扁桃核・視床）
Ⅲ	ヒト	時間（過去、未来）	新皮質（前頭葉・前頭前皮質）

である。

レベル0からⅢまではほぼ生物の進化の系列に対応しており、その各々の脳構造に顕著な差異がある。植物には神経の前身のようなものはあるが脳という実体はない。レベルⅠの爬虫類になると、脳は動物の肉体が生きるための基本的な機能である呼吸・消化・血圧・鼓動・運動・平衡

感覚などを司っている（爬虫類脳）。レベルⅡになると、記憶（海馬）・感情（扁桃核）・体温や生殖（視床下部）という社会集団を構成するための新機能が脳に付与されている（哺乳類脳）。そしてレベルⅢのヒトの脳では、高度な認知行動を司る新皮質の働きによって過去を評価し未来をシミュレートすることが可能になった（ヒト脳）。

つまり、レベルⅠからⅢまで各々のレベルで動物は記憶という能力を獲得しているが、それが空間的な記憶から出発し、敵や味方の多様な集団との関係の記憶へと広がり、そして過去から現在そして未来へと進む時間の流れと記憶がしっかり結びつくというように、記憶の中身が動物進化とともに一歩一歩拡大してきたのである。

記憶のしくみ

ヒトの記憶が形成される経路は、感覚情報（視覚、聴覚、味覚など）がまず脳幹を通って視床に入り、視床が中継局の働きをして各種の感覚をそれぞれを担当する脳葉（のうよう）に送って（視覚情報は後頭葉、聴覚情報は側頭葉、触覚情報は頭頂葉というふうに）分析処理する過程がある。いわば、生データをいったん脳の言語に置き直すのだ。このように処理された情報は前頭前皮質に届くと私たちが意識するものとなって、数秒から数分の時間幅を持つ短期記憶が形成される。フラッシュのように頭に残るのだが、そのままでは消え去ってしまう記憶である。そのなかで意識的に覚えておこうとする記憶、あるいは重要であると無意識のうちに認識した記憶は海馬（かいば）に送られるのだが、

DVDのように一つの領域に全部を格納するという方法をとっていないことが特徴である。その方式なら私たちの記憶すべてについてDVDを用意しなければならず、とてもおっつかないためだろう。

その代わり、情報をさまざまなカテゴリーに分解し、その断片を記憶のかけらとして脳内のさまざまな部位に（感情の記憶は扁桃核に、言葉は側頭葉に、視覚は後頭葉というふうに）保存するという方式を採用しているのだ。このカテゴリーは植物、動物、身体、色、数、文字、名詞、動詞、顔、表情、音など二〇以上あり、ニューロンと呼ばれる脳細胞が何百億個も集まった新皮質（脳葉）の各部分で記憶しているのである。断片に分けることによって冗長な部分は捨てて要点だけを残し、似た情報は中分類・小分類というふうに整理して、記憶容量を節約しているのだろう。

例えば、私たちが公園を歩くとき、そこで木々や草花の美しさに見入り、砂場で遊ぶ子どもたちと見守る親の対話を聞き、砂場や滑り台やブランコに触って懐かしさに浸り、野球のボールの動きに危険性を感じて腹立ちを覚えるなど、五感を通じて入ってくる情報が脳内を駆け巡り記憶として格納される。そして、それをある日ある時にふと思い出すことになるのだが、このときいったん小分けにされた記憶のかけらが今度は結び合わされて昼間見た光景や感情が再現されることになる。これを「結びつけ問題」と呼んでいるが、どのような機構が働いて断片化された記憶情報が一枚の絵に再合成されるのかまだわかっていない。情報が断片化されたまま元に戻らずバラバラのままなのが忘却（あるいは記憶喪失）であるとすれば、記憶を構成する「結びつけ問題」の仕掛けがわかれば、それから記憶を増強することが可能になると期待できるだろう。

ニューロンを伝わって情報が流れており、その流れをドーパミンやセロトニンやアドレナリンなどの神経伝達物質という特殊な化学物質が制御しているのだから、それを効果的に使えばよいと誰しもが思うが、まだあまり成功していない。何百億個ものニューロンがあるのだから、どこを狙えば有効に作用するかがわかっていないのである。化学物質ではなく、電気的な信号が「結びつけ問題」を解決できるかもしれないという示唆もある。記憶情報の各断片には電磁波の周波数のタグがそれぞれ記憶される段階でつけられ、思い出す段階ではそれと同じ周波数の電磁波が発せられて、巧く共鳴する断片のみが集積してくるという仕組みである。なかなか面白いがさてこれをどのように実証するか、それが問題だろう。

記憶と進化の法則

記憶の目的はどこにあるのだろうか？　誰しも考えることは、恐怖や危険や毒物の存在など命の存続に関わるような事柄の経験を記憶しておけば、新たにそのような事態に遭遇した時に防護することが容易になり、その記憶の伝達によって生物が生き延びることができるということだろう。レベルⅠの動物は本能的な（肉体に対する直接的な）危害となる記憶だけだが、レベルⅡとなると仲間からの警告とか学習による記憶も使うようになり、レベルⅢのヒトは過去の記憶を整理し未来のシミュレーションにまで使うことができるようになった。ドイツの故ワイツゼッカー元大統領が「過去に目を閉ざす者は、現在にも盲目になる」と言い、人類が過去の記憶を教訓にして現在そして未来に間違いを犯さないよう警告したのだが、極めて生物進化法則に則った素晴らしい箴言と言えるだろう。

とはいえ、ヒトは記憶によって過去と未来が結ばれていることで利益を得ている動物であるという考えについてはいくつかの疑問がある。一つは、ヒトが生きていく上では忘れることも重要な条件で、いつまでも悲劇の感情が生々しい記憶としてまとわりついていると生きていけないという側面があることだ。悲しい記憶がセピア色になり、やがて背景に溶けて消えていく過程も必要で、それは私たちの願いではあるが意識的にできるものではない。それと関係することだが、PTSD（心的外傷後ストレス障害）に悩む何万人かの人々がいる。戦争、子供時代の虐待、性的被害、恐ろしい事故などがトラウマとなって、自殺に追い込まれたり、一生苦しんで生きねばならない人々のことだ。記憶が「人生に教訓を伝える」ものであるとしても、ある個人に厳しい罰を与えるのみであって、人類全体で共有できるわけではない苦痛の記憶は、果たして人類の進化に不可欠なのだろうか。

もう一つは、アルツハイマー病で記憶を徐々に失っていく病気である。まず前頭前皮質と海馬を結ぶ配線が細くなるため短期記憶が処理できなくなり（物忘れがひどくなるが昔のことは覚えている）、やがて海馬が衰え縮小し機能しなくなることによって長期記憶も徐々に破壊されて自分が誰であるかわからなくなっていく。アルツハイマー病は老化によるタウタンパク質の形成によって作られたアミロイド斑が脳に詰まることが原因らしいが、そうでない若年認知症の場合は深刻である。ヒトの進化は袋小路に差しかかっているのだろうか？

私はそうは思っていない。さまざまな矛盾を抱えつつも、さらにヒトはレベルⅣへと進化して「未来の記憶」を先取りして生きる動物になるだろうと思っているからだ。たとえ経験しなくても（生の記憶がなくても）想像の力によって未来に何が起こり得るかを描き出し、現在の生き様を反省するというものである。そうなれば核兵器も地球環境問題もやすやすと乗り越えられ、多様な人間が共存できる社会が実現できるのではないだろうか。

（GRAPHICATION No.199, 2015.7）

歌から言語が始まった

ホモ・サピエンスたるヒトが生物のなかで唯一文化を生み出す動物となったのは、脳が大型化したこと（その結果、社会的な知能へと進化できた）、及び言語を可能にしたこと（その結果、知識伝達によって経験の蓄積と継承ができ文化の創造へとつながった）の二つの要素が大きな役割を演じたと考えられている。前者の脳は物質的な条件であり、後者の言語は精神的な条件だから、肉体と心の両側面の発達が必要であったことになる。これらは互いに影響し合っており、言語の習得が進むにつれ脳の発達が促され、逆に脳の発達が新たな言語能力の開発につながったのではないだろうか。いったん言語を獲得すれば、概念を表象し蓄積し伝承することを通じて文化は豊かになり、さらに言語を文字化した結果として記録性が向上したのは確かだろう（文字を持たない民族も存在しており、文字の有無と文化の創造との関係は一筋縄ではいかないが）。つまり、ヒトとしての共通基盤として言語の獲得がまずあったのだ。では、一般の動物レベルの段階からヒトへの進化過程において、どのようにしてヒトは言語を持つようになったのだろうか。考古学的証拠が残っているわけではないから仮説を積み上げ、それらを何重にも組み合わせて想像するより外ないのだが、ここでは鳥のさえずりをヒントにして言語の誕生を研究してこられた岡ノ谷一夫教授の議論（『「はじまり」を探る』池内了編、東大出版会）を紹介することにしよう。

情動－歌－言語－感情

言語の起源に関する岡ノ谷理論を単純化すれば、すべての動物が共通して持っている「情動」から出発し、その情動からの発声が「歌」となり、歌を発する機能と歌を学ぶ形質が進化して「言語」となったというものである。さらに、言語を獲得したことによって世界をさまざまな要素に分けて見ることができるようになり、人間の情動も後述する六つのカテゴリーの基本感情に分節化して解釈するようになったというわけだ。言語を獲得すればこそ、このように感情の豊かさも分岐して増加し、人間世界が多様になって文化の豊饒さにつながっていったのである。言語が世界を記述する技術的知識とすると感情はその知識の自然な表現だから、言語と感情の二つの要素によってヒトのコミュニケーションが成立するようになり、社会を構成する基本条件が成立したことになる。

その最初の出発点である「情動」とは、辞書によれば「喜怒哀楽のような比較的急速に引き起こされた一時的な感情の動き」とある。合理的な判断よりは短時間の反応だが、反射的な行動よりは単純でない事態に対応する動物行動のことらしい。じっくり考えたのではないから大ざっぱな対応ではあるけれど、短絡的な反応よりは間違いが少なくおおむね巧くいくように適応している「身体的・生理的変化」と言うことができる。餌や異性を目にすると快さを感じて接近しようとし、敵や危険なものを目にすれば不快に感じて遠ざかろうとする、そんな内的な感情ともいえる。そのような情動に従って行動することによって生き残る確率が高くなった、あるいはそのような情動を持った動物であったからこそ生き残れたのだろう。

ただし、情動の現れ方は動物の種類によって異なる。個体として、単純に快なること（もの）には接近し、不快なること（もの）を回避するだけの動物から、何らかの手段で周囲の仲間に快不快、親愛嫌悪、信不信、好悪、受入排斥などの情動を伝えるように進化した動物もいる。それによって社会性の集団が成立し、結果的に生き残る確率が大きくなったのだろうが、ヒトもそのような動物集団の一つであったのだ。そのような仲間への情動の表出として次の「発声」がある。

情動からの発声

多くの脊椎（せきつい）動物（どうぶつ）は、内的状態に対応していろいろな発声を試みるようになる。たとえば、鳥類や哺乳類を観察すると、他を威嚇（いかく）する場合には低く帯域の広い音を出し、恐怖を感じると甲高（かんだか）く震えた声になり、親和性が高く親しみを表わす場合には倍音が多い声を発する。これに気づいたモートンは「情動音響規則」と名付け、実際の小鳥の鳴き声で攻撃性が増すと音程が低く帯域が広くなり、恐怖が強くなると音程が高く帯域が狭くなる傾向を指摘している。さらに攻撃性と恐怖双方が強くなると、高い音程でかつ帯域が広い音になって音程に震えが生じるようになる。人間で言えば緊張した状態に対応し、知らず知らずの間に声が高くなって震え、それがどうしても治まらないことを経験された人も多いのではないだろうか。

情動と発声の関係はどの動物にも共通しており、明らかにある種の情報を伝えているのである。その理由は、情動は呼吸に反映し（怒りや恐怖を感じると脈拍と共に呼吸が速くなるし、ゆったりした気分だと深呼吸したくなる）、呼吸と発声は延髄（えんずい）によって制御されているので、結果として情動状態が発声に影響すると考えられるからだ。一般に、脊椎動物では声の高い個体ほど体が小さく、声の低い個体ほど体が大きい傾向がある。だから、威嚇するときに声を低くするのは体の大きさを誇張する効果があり、仲良くする意志を表わすときに声を高くするのは体が小さいことを示して攻撃を和らげる効果がある。発声パターン（発声の基本周波数や発声頻度）から相手の情動状態を推測することができるのだ。コミュニケーションの第一歩である。

情動発声から歌へ

情動からの発声は単音節だが、これが複音節（複数の音要素を規則的・連続的に発する）となれば「歌」となり、情動の伝達だけでなく、より多くの情報を伝えられるようになる。生まれたばかりのマウスが巣からこぼれ落ちて体温が下がるようになると、「隔離声」と呼ぶ超音波の連続的な発声をし、これを聞いた母マウスは直ちに仔マウスを救出に行くという。マウスの雄は、発情した雌に対して超音波の帯域で複数の要素を連続的に発する「求愛歌」を送ると、雌から拒絶されることが少なく交尾の成功率が上がる。いずれも通常の情動発声とは異なって連続的な発声であり、それによって雌が拒絶しなくなる（できなくなる）ことが利用されているようである。歌の要素が加わることによって、相手の情動により強く働きかけるようになるのだ。

小鳥でも同じことが観察されていて小さい間の餌ねだりの声は連続音であるし、人間の赤ん坊の「喃語（なんご）」も連続発声である。このような幼弱個体の連続的な「歌」を成熟した雄が擬態（ぎたい）することで雌の拒絶反応を抑制し、逆に雌はこの歌から雄の資質（健康状態や遺伝的特質）を判断するようになったと考えられる。そのような相互作用の結果として歌の精緻さと複雑さが増すようになり、歌から相手の状態を推測するという機能が進化したのだろう。中でも人間は霊長類の中で唯一発声学習をする動物であるから、それが言語の獲得に至る重要な条件となったと考えてもよさそうである。

歌から言語へ

いよいよ、いかにして歌から「言語」が獲得されたかである。これには三つの段階があると推測されている。発声可塑性（かそせい）による発声学習、音列分節化、状況分節化である。

発声学習とは、それまで持っていなかった発声パターンを外部からの刺激（つまり聴覚学習）によって新たに獲得する行動のことである。多くの種での発声は生得的にプログラムされたもので、発声学習をする動物は鯨類、鳥類、そして霊長類では人間しかいない。発声学習をする動物は発生信号を意図的に変えられることと、外部からの音声パターンを聞いて自分の発声系で再現する仕組みが備わっていなければならない。これについては脳の解剖学的特質が明らかにされねばならず、まだ未解明であるようだ。

次の段階である音列分節化とは、連続的な発声を統計的な規則に基づいて分節化でき、言語の階層構造として意味との対応をつけることができるという段階である。たとえば、ジュウシマツの歌には二つから五つの音要素がまとまり（チャンクという）を作っており、チャンクの間を移り変わる規則があるそうで、これを「歌文法」と呼んでいる。歌文法を制御しているのは前頭前野と大脳基底核の相互ループで、これによって統計的な性質を持った音列に分節化され、その結合によって意味を付与できるようになるというわけだ。

さらに音列が複雑になるにつれ、さまざまな社会的状況を表現できるようになるのだが、そのためには状況を分節化し、音列のような形式を状況に関する意味として処理する仕組みが必要となる。つまり、置かれた状況に応じて情報を空間情報・感覚情報・情動情報などに分節化するのだ。これによってコミュニケーションの文脈理解を行なう条件が満たされる。こうしてひとつながりの音列に階層性が生まれ、それによって意味の階層性も創り出されるようになって、抽象的概念をも言語で表現できるようになるのだ。この状況の分節化は前頭前野と海馬との間のループで行っていると考えられ、やはり脳機能が大きな役割を負っているらしい。

たとえば、ある状況では歌（音列）Aで「狩りに行く」が、他の状況では歌Bで「食事に行く」が歌われたとしよう。このとき、歌Aと歌Bで共通する音列は、状況AとBで一致する「みんなで～する」という部分であり、それが分節化されて共通部分のみが独立し、さまざまな状況に適用されて抽象性も付与されるようになっていったのではないだろうか。

以上のような過程を経て言語が獲得されたとすれば、言語の根源が情動であり、言語によって世界を分節化して人間の基本感情である喜び、悲しみ、怒り、嫌悪、恐怖、驚きの六つのカテゴリーが生み出されたであろうと想像できる。そして言語と感情が結びついて人間のコミュニケーションが複雑になり、豊かな文化を生み出すことにつながったのである。

私たちは、言語があり、文字があるのを当然と考えるが、そもそも言語がいかに獲得されてきたか、それに至るヒトの脳構造と情動の共進化はいかなるものであったかを辿ってみるのも興味深いのではないだろうか。文化の根源はまさにここにあるのだから。

（GRAPHICATION No.200, 2015.9）

II

時のおもり

JAXA法の改訂

日本には、「宇宙」と名が付く研究機関が三つ存在していた。一つは宇宙開発事業団で、気象観測衛星や通信衛星などの実用衛星を打ち上げる機関であり、もう一つは宇宙科学研究所で、宇宙や惑星をX線や赤外線を使って観測する科学衛星を打ち上げていた。この二つはそれぞれ独自のロケットを用いて人工衛星を打ち上げてきた。三つ目は航空宇宙技術研究所で、低空を飛ぶ航空機など飛翔体の開発実験を行ってきた。国の行政改革の折、同じような目的の機関が三つもあるのは税金のムダだとして、三機関を統合して独立行政法人「宇宙航空研究開発機構」（JAXA）が発足したのは二〇〇三年であった（見事に三機関の名前が組み合わされている）。それを統括するJAXA法には宇宙開発を「平和の目的に限り」という平和条項が盛り込まれていた。宇宙開発事業団が発足した一九六九年の国会決議に基づき、日本の宇宙開発を「非軍事」とする精神が貫徹されてきたのである。

ところが、二〇〇八年に成立した宇宙基本法において、六九年に衆参両議院で可決された「宇宙の開発は平和目的に限る」という決議を無視し、「我が国の安全保障に資する宇宙開発利用を推進」という条項が書き込まれた。宇宙の軍事利用への道を拓くことになったのである。もっとも、それ以前の二〇〇三年に情報収集衛星五機が打ち上げられ（一機は打ち上げに失敗して使い物にならなくなった）、それ以後次々と一〇機打ち上げられてきた。情報収集衛星の名目として「大規模災害時での上空からの撮影」が挙げられているのだが、実際はスパイ衛星である。というのは、この衛星によって得られた東日本大震災の惨状についての撮影データがあるはずだが、一切公開されていないのだ。これに対し、地球観測衛星「だいち」のデータは公開されている。宇宙の平和利用と軍事利用との大きな差異がわかるではないか。

わざわざ「大規模災害時の……」という名目を付さず、宇宙の軍事利用を堂々と推し進めるためにはＪＡＸＡ法にある平和条項が邪魔になる。そこで今、上位の法律である宇宙基本法と抵触するという理由を付けて、ＪＡＸＡ法から平和条項を外すという法案が可決されようとしている。これによって大手を振って宇宙の軍事利用に邁進できるというわけだ。平和憲法の下で戦争に巻き込まれずに来たことを忘れ、「安全保障」という名目で自衛官の海外派遣など軍事化の道を歩んでいる日本と二重写しになる。

日本は、数々の科学衛星によって世界をリードする業績を挙げてきた。研究者集団のボトムアップで衛星計画を練り、多彩な科学プロジェクトを成功させて世界の模範となったのだ。しかし、本格的な軍事利用が開始されればトップダウンになり、研究者の総意が活かされなくなるのは目に見えている。それどころか、日本の防衛のためと称して弾道ミサイルにまで手を出しかねないだろう。軍事化路線が進み始めると軍拡競争にまきこまれ拡大する一方になるからだ。

宇宙探査機「はやぶさ」効果もあったように、人々が宇宙に抱く夢やロマンは根強い。それは平和条項の下で、宇宙が軍事のために汚されていないことを人々が知っていたためでもある。スパイ衛星やレーザー兵器が飛び交う宇宙に誰が憧れを持つだろうか。

（中日新聞　二〇一二年五月二二日）

後日談：その後、ＪＡＸＡの軍事化路線はどんどん推進され、今や情報収集衛星一〇機を常時運用する体制が計画されている（今は四機体制）。ＪＡＸＡ法を改訂したことで、おおっぴらに軍事開発にのめり込んでいるのである。

健康診断のススメ

何を今さら健康診断のススメなのかと思われそうだが、私自身が現在遭遇している病状をご理解されれば、きっと納得されることだろう。

九月中旬のある日、左手の上膊部（じょうはくぶ）から手のひらにかけて痺（しび）れが走り、左眼上部の顔面も無感覚になった。大したことはなかろうと素人判断し、連休中であることもあって、そのまま三日ほど放っておいた。しかし、左手の痺れは依然続いていたので、少し心配になり医者に診てもらうことにした。隣家のご主人が脳梗塞（のうこうそく）で不自由な体になったことを知った連れ合いが強力に勧めたためでもある。

脳神経外科に行きＭＲＩ（磁気共鳴撮像）を行った。その写真を見るや、医師はまず「脳梗塞」についての解説をしてくれた。脳の血管の一部が細くなったりコレステロールが溜まったりして血流が妨げられ、脳組織が壊死（えし）してその部分の機能が失われる疾患、というものである。

そして、私のＭＲＩ写真を見せて白い雲のようなものが写った部分を指さし、そこが左手の機能を担っているところで、血の流れが止まったために左手が麻痺したのであろうと説明してくれた。つまり、私は典型的な脳梗塞の症状を示しているのである。さらに、医者は、手の麻痺のような自覚症状が現れ始めた時期は「急性期」と呼ばれ、機能障害の部分が次々と拡大していきやすいから十分注意しなければならないとつけ加えた上で、「現在のあなたは急性期の危ない状態あるので直ちに入院してください」と命令する。始め私は、突然の入院指令に抵抗したのだが、再び脳梗塞に罹（かか）った隣家の主人を思い出し、設備の整った大学病院へタクシーを走らせたのであった。

病院へ着くや否や、血液が採取され血圧検査が行われた。そこで判明したのが高血圧であり、糖尿病であった。こうして、私は脳梗塞・高血圧・糖尿病と血液の流れに関係する三大疾患をすべて抱えていることがわかったのだ。これらの病気は毎年一回行われる健康診断で十分チェックできたはずである。ところが、私は六年前の健康診断で何事もなかったので、以来健康診断を拒否してきた。そのため、これらの病気が深く静かに進行していたことを知らずにいたのである。酒やタバコが止められず、単身赴任で気ままな生活をし、体調管理をサボってきたツケが一斉に回ってきたのだ。

糖尿病や高血圧は壮年期を過ぎると発症する病気で、かつては成人病と呼ばれた。厚生省（当時）はこれを「生活習慣病」と呼ぶように指導したのは自己責任を強調したいがためで、人々に健康診断を受けて病気の早期発見に努めるよう宣伝してきたのだった。むろん、その背景には医療費をカットしたいという思惑がある。私は逆に、健康診断での病気の早期発見によってかえってストレスを抱えることになり、必ずしも個人の幸福にはつながらないと思っていたので健康診断を受けなかったのだ。「どうせ、もう六七歳にもなったのだから、体のどこか悪いところがあるのはわかっている。病気のことなんか気にしないで生きる方が生産的だ」と嘯いてきたのである。

しかし今、成人病のデパートみたいな体になっていることがわかり、いささか慌てたのも事実であった。まだ一〇年は保つはずなのに一年しか保たない可能性もあるからだ。そう思えば、ちゃんと健康診断を受けて、自分の体の状態を把握しているに越したことはないと思い至った。それで厚労省のお先棒を担ぐようだが、健康診断のススメとなった次第である。

（中日新聞　二〇一二年一〇月一七日）

後日談：幸い脳梗塞の後遺症はなく、糖尿病と高血圧も大したことがなかったので、以前のように健康を保ち続けている。むろん、タバコは直ちに止め、酒も控えめになった。

エリートの驕り

危険が考えられる状況を前にして、専門家や行政官らが大衆のパニックを過剰に恐れる余り、たいしたことではないと人々を安心させるかのごとき態度を取る傾向を「エリート・パニック」というそうだが、私は「エリートの驕り」ではないかと思っている。例えば、福島の原発事故の後、原子力や放射線の専門家や行政担当者が、こぞって安全を保証するような発言を繰り返した。考えられる最悪の事態を一切口にせず、上から目線で真相を隠したまま、人々に不安を与えないような言辞ばかりを述べていた。極めつけは、放射線被曝に対して「当面の健康には悪影響を与えない」というもので、「それでは将来に影響があるということか」と人々をかえって疑心暗鬼にしてしまった。事態の推移がどうなるかわからないと正直に言えば、人々が動揺してパニックになるのを恐れたという言い訳であったけれど、かえって一般大衆を見くびり迷わせることになった。それ以来、いわゆる専門家の言葉が信用できなくなったという人が増えたようである。

二〇〇九年四月六日に起こったイタリア中部のラクイア大地震に関して、地震学者六名を含む地震リスクコミッションのメンバー七人が故殺の容疑で告訴され、禁固六年の実刑判決が出されたことは記憶に新しい。

当時、一日に三~四回という頻度で群発地震が続いており、地震が起きる六日前に大規模地震予知協議会が開かれて群発地震と大地震との関連が議論された。そして最後の記者会見で、保安局の副局長が「危険はない、この地域に起こっている群発地震は特段の状況にはなく、極めてノーマルな状態である」と発言した。それによって戸外に避難していた人々も屋内生活に戻るようになったのだが、その後の突然の大地震に襲われいっそう多数の被害者を出してしまった。そのため、地震発生の可能性について注意不足であったこと、誤った安全情報を広めた結果として多くの死者を出したこと、を理由として裁判に訴えられたのである。特に、六人の地震学者は「地殻変動の現況、因果関係、今後の推移について、不完全で不正確な情報を発表した」という理由で厳しく責任を追及されたのだ。

これに対し、世界中の科学者五〇〇〇人が「地震の完全な予知が不可能な現状から言って、地震学者への訴追は不合理・不公平である」として、公開支援状に署名して抗議の意を表した。「もし、こんなことが続くなら科学者は行政に協力しなくなるだろう」との脅しも添えて。

禁固六年は厳し過ぎる判決だと思うけれど、私はこれを機会にして不確実な科学知をいかに市民と共有するかを議論するきっかけになれば、と思ったものである。地震の発生が予知できないことは明白で、だから地震が起こらないことも言明できないはずである。しかし、どうせたいしたことはなかろうと安全・安心を強調したがるのはエリートの驕りのせいであった。現時点でわからないことはわからないと正直に述べ、最悪のことを想定して予防的な措置を取るべき、と言うのが筋であったのだ。

地球温暖化問題や微量放射線被曝問題など、現時点では科学的に決着がついていない問題は多くある。科学は万能ではないのである。そのことを十分知った上で安全サイドに立って対処していく、それが私たちの採りうる方策ではないだろうか。

（中日新聞　二〇一二年一一月二一日）

後日談：高裁判決で六人の地震学者は逆転無罪となったが、記者会見を行った副局長だけは執行猶予付きで禁錮二年の有罪判決が維持された。

私たちの正念場

　歴史的な総選挙が終わった。三年少し前に自民党政府から民主党政府に変わり、そして再び自民党政府に回帰することになった。選挙前からこのような結果が予想されていたにしても、現実化してしまうとなんだか空しくなってしまう。自民党が前回とほとんど同じ得票率であるにもかかわらず三百に近い議席を獲得できたという、小選挙区制の恐ろしさと無意味さを痛感するからだ。実際、たった四割足らずの支持率なのに、相対的多数であることによって議席の多くを掠め取ることが可能になっているのである。また、ほんの小さな得票率のゆらぎなのに一気に大きな議席の差をもたらしてしまう選挙制度は、国政の安定のためにも早急に改めなければならないと思う。

　ともあれ、これが国民の選択であるのだから、いかに不本意な結果であろうと受け入れざるを得ない。しかし、私たちがこのまま従来と同じような「お任せ民主主義」のままであるなら、脱原発は遠のき、増税ばかりで社会保障は低下し、公共事業で国の借金は増え続け、インフレによって物価は上昇しても給料は上がらず、憲法が改悪されて軍事化が復活する、そんな悪夢を抱かざるを得ない。実際、自民党と公明党と日本維新が一致合流すれば、そして今年(二〇一三年)の参議院選挙までこの情勢が続くならば、これらが現実化してしまう懸念があるからだ。

福島で原子力問題に直面し行動されてきた清水修二氏は「原発とは結局なんだったのか」と自らに問いかけ、その答として「原発とは第一に国民の「自覚なき選択」と「怠惰な現実主義」に支えられた存在であった」と述べられている(東京新聞社刊に同名の著書がある)。日本国民は明確な意思を示さないままずるずるべったりで原発を容認し、できてしまったものは仕方がないとして現実追随の形をとってきたという意味である。その結果として、気がついてみれば地震大国に五四基もの原発を建設してしまっていた。私はそれを先に「お任せ民主主義」と言ったのだが、考えてみれば原発だけに限った問題ではない。国民は選挙のときだけ主権者となり、後は文句も言わずに国の言うままについていくという未熟な民主主義しか育っていなかったのではないだろうか。

とはいえ、脱原発を求める運動は継続して行なわれており、国に対し異議申し立てをする動きは途絶えてはいない。TPPにしろ、消費税にしろ、憲法改悪の動きにしろ、草の根からの地道な反対運動も続けられている。今必要なのは、それらが互いの主張を尊重し合うオリーブの木運動のように連帯していくことではないだろうか。そして自民党政府に対して、私たちは白紙委任したのではないと突きつけていくことである。選挙で選んだといっても、政策すべてに同意したわけでもなく、ましてや全権を無条件で与えたわけではない。そのことを知らしめるために国政への直接参加を要求していかねばならない。

具体的には参政権の一つである直接請求権を行使することだろう。それは間接民主制を補完する重要な方法で、地方自治法で保証されている。これまで議会の反対で実現しないのがほとんどだったけれど、諦めずにしつこく繰り返すべきなのだ。今こそ私たちは「お任せ民主主義」から脱する正念場に差し掛かっているのではないだろうか。

（中日新聞　二〇一三年一月九日）

後日談：直接請求権を行使できないまま、さらに三年が過ぎ、二〇一六年の参議院選挙で自・公・おおさか維新などが、憲法「改正」を発議できる議会の三分の二以上を占めることになってしまった。この文章で書いていることが、そのまま現実となっていきそうである。

電力の完全自由化の行方

電力事業の完全自由化に向けて検討されていた「発送電分離」と「家庭向け電力の販売自由化」が、ようやく電気事業法改正案の付則に盛り込まれ、通常国会に出されることになった。電力の地域独占体制を打ち破る改革が具体的に動き出すであろうと報道されてはいるが、まだまだ予断は許されない。電力業界の抵抗によって、法改正が先延ばしにされたり骨抜きにされたりする可能性がまだあるからだ。

電力の地域独占は一九五一年のGHQ指令によって国策会社から九つの電力会社への分割・民営化に始まった（沖縄は米軍統治下にあったので別扱い）。電力会社は指定地域への電力の安定供給を保証することによって発送電の地域独占が認められ、料金は必要経費に利益率を算入する総括原価方式が採用されることになった。電力供給の責任を負うのと引き換えに、確実に儲けられるシステムを保証したのである（ただ、このとき西日本と東日本の電源の周波数統一に手を付けず、そのまま現在まで継続してきたのは大失敗であった）。

実際、一九五〇年代はまだ停電とか電圧低下が多かった。需要の伸びに供給が追い付かず電力不足が生じていたのだ。エネルギーは生活の根幹をなすものだから、地域独占や利益容認の料金決定方式は、当時としてはやむを得なかったのかもしれない。しかし、発電技術の進歩とともにエネルギー源の安定供給が満たされるようになった。電化製品の普及や生活環境の向上で需要は格段に増加したのだが、化石資源の大量消費や原発の導入でそれを大きく上回る供給能力を備えたのである。単純な経済原則では供給が需要を上回れば物価は下がるはずだが、それは自由競争が保証されている場合で、独占体制では電力料金は下がらない。そして、電力会社はより多く発電してより多く消費させれば儲けがより増大する。まさに大量生産・大量消費社会を演出したのである。

電力会社の高コスト体質や電気料金の海外との格差などの不当性が言われるようになってから、ようやく発電事業の自由化が認められるようになった。まず、電力会社に卸電力を供給する発電事業が、そして企業など大口需要家への小売りが認められた。とはいえ、まだ数％しか自由化されていないこと、送電網を電力会社が握っていて売電するにも高い送電料金を払わねばならないこと、家庭用の小口販売への自由化がなされていないことなどから、遅々として電気料金低下へは結びつかなかったのだ。

三・一一の大震災で福島の原発事故が勃発し、原発の稼働がすべて停止するに及んでにわかに東日本の電力供給の逼迫（ひっぱく）が明白になり、地域独占の歪みがクローズアップされた。そして、電力システム改革の三つの柱が言われるようになった。発送電分離、地域間電力融通のための広域系統運用機関の創設、家庭向け電力販売の自由化である。このうち電力会社が賛成しているのは広域運用のみである。電力の融通は緊急時のみだから地域独占の根幹を揺るがせることにならないと踏んでいるからだ。つまり、他の二つの柱を実現し発電・送電・売電の自由化ができねば電力会社の地域独占を破ることにはならない。実際、自然エネルギーの生産が増えても送電網を握る電力会社に拒否されたら使えなくなる危険性がある。

発送電分離の実施は五年後がめどと先送りされた。その方法もいくつかあり、電力の完全自由化のための議論を盛り上げねば実現は覚束なくなってしまうだろう。

（中日新聞　二〇一三年二月一三日）

後日談：電気事業法改正案は曲がりなりにも成立し、二〇一六年四月から電力販売の自由化が実現した。発送電の分離は二〇一八年四月実施予定で、家庭用電気料金の国の認可もこの時まで続く見込みで、送電網を握る電力会社の特殊権益はまだ残っている。

批判がはばかられる話題

私が科学者であるにもかかわらず科学批判を行うので、科学を評価していない人間のように思われることがある。あるいは、科学者を志す若者に対して夢を壊すようなことばかり言うと邪推している人もいる。それは誤解というもので、私は科学が社会にスムースに受け入れられることを願っており、そのために科学者が社会に向けてもっと発信しなければならないと考えているのである。ところが、科学者の多くは、人々に対してなかなか顔を見せてくれないし、顔を見せても専門用語ばかりで何を言っているのかわからない。また、科学の利点や長所ばかりを述べ立てて、ひたすら成果を推奨するだけの科学者もいる。プラス点もマイナス点も含めて科学の真実を社会に伝えられないものか、市民の多くはそんな思いを持っているのだ。

そこで私は、科学の中身をやさしく語りかけるとともに、科学が持つ弱点や限界を警告したりする役割を果そうと努めてきた。科学の中身をそれなりに理解しているが故に、科学がもたらしかねない負の側面もわかるから、それを正直にさらけ出し社会が選択する上で参考にして欲しいとの願いがある。そのため厳しい目で科学を見つめていることは事実だろう。それが私のようなロートルとなった科学者のせめてもの使い道ではないかと自認している。

とはいえ、いくつか問題点を感じながらも、特にマスコミがこぞって称賛していると、それをはっきりと批判することがはばかられる場合がある。その例として山中伸弥教授のノーベル賞受賞の仕事を取り上げてみよう。マスコミは業績の解説から人となりまで、ひたすら山中教授を持ち上げることに終始している。むろんｉＰＳ細胞の研究はノーベル賞を授与される価値があるのは当然なのだが、さらにいろいろと議論を重ねるべき問題が多くあるのに、ほとんど触れずに済ませている。それを指摘すればノーベル賞に水を差すかのように受け取られることを懸念しているのだろうか。

例えば、すぐに再生治療に使われるかのような印象を与えているが、まだ望みの臓器を自由自在に作ることができているわけでもなく、できたとしてもガン化の可能性を克服しなければならない。それにはまだまだ多くの研究時間が必要なのである。もっと深刻な問題として、ｉＰＳ細胞で人間の精子と卵子が作成できることが証明されており、クローン人間作りと結びつく可能性があるから、倫理的側面の議論を後回しにできないことが挙げられる。科学の明るい話題としてノーベル賞を持ち上げるのはよいのだが、これらの問題点も含めて報道されるべきだろう。

その他の批判的意見を加えにくい話題として、国際宇宙ステーション（ＩＳＳ）での日本人宇宙飛行士の活躍や臓器移植問題などがある。前者についてはＩＳＳの科学的メリットとコストの兼ね合いやスペースデブリ（宇宙廃棄物）対策などが問題となるし、後者の臓器移植についてはいつも美談仕立てになっているのだが、脳死や死の受容についての議論に立ち返らねばならない。いずれも個々の科学のありようについて投げかけている問題は大きいにもかかわらず、あまり社会の話題にならないのである。

オリンピックや高校野球の話題も批判的に触れる記事はほとんどないが、科学に関しては後々の社会に大きな影響を与えるだけに、常に批判的視点を忘れてはならないと思う。そうでなければ再び「原発の安全神話」のようなものが広がるのではないだろうか。

（書き下ろし）

iPS細胞の臨床実験

体細胞に数種の特定の遺伝子を入れて、生体のあらゆる臓器となり得るiPS細胞（誘導多能性幹細胞）とすることに成功した山中伸弥教授に、二〇一二年のノーベル医学生理学賞が授与された。心臓や神経や網膜などの細胞が損傷しても、その代用の臓器をiPS細胞を使って作成して移植できれば再生治療に実に有効である。また、テスト用の臓器を試験管内でiPS細胞から培養して大きくし、それを使って開発された薬の効き目を確かめたり、副作用がないかどうか調べたりすることもできる。このようにiPS細胞を使用する医学的応用は数多くあり、将来の経済的利得は膨大なものになるとして、政府は一年に一〇〇億円もの研究予算を重点配分している。

それは当然だと思いつつ、私は大いなる不安を感じてもいる。一つの理由は、おそらくiPSが本当に利益を生み出すまでには一〇年以上の長い時間を必要とするだろうが、果たしてそれまで予算の大盤振る舞いが続くだろうか、という心配である。遺伝子を挿入することによって培養した臓器がガン化する可能性は否定できず、それが安全であることが完全に証明されるまでにどれくらい時間がかかるかわからないのだ。ノーベル賞の受賞で明日にでも再生治療に使われるかのように報道されているが、それは勇み足というものである。焦って安全性が確立されないまま治療に使われて悲劇が起こるようなことがあってはならない。

もう一つの理由は、より深刻な倫理的大問題が控えていることである。マウスの実験によってｉＰＳ細胞から精子と卵子を作成することに成功したようで、これがもしヒトにおいて成功すれば任意に体細胞からクローン人間が作成できることになる。それが広がれば、生殖によって生まれた人間とｉＰＳ由来の人間というふうに二種類の人間が存在することになり、人間の差別につながる危険性がある。あるいは、臓器を提供するのみのスペアの人間作りという事態も起こりかねない。これらの倫理的な議論をしないまま、ｉＰＳ細胞によるヒトの生殖細胞作成の研究を進めてよいのだろうか。せめてそのような研究を行なわないモラトリアム宣言をする必要があるのではないか。

そのようなかでｉＰＳ細胞を使う再生治療の第一歩として、皮膚細胞から目の細胞を再生するという、世界で最初の臨床研究に対する国の審査を得るための申請計画書が提出されることになった。網膜の下の色素上皮と呼ばれる細胞の層に不必要な毛細血管が生える結果、網膜がダメージを受けて失明につながる加齢黄斑変性という病気に対し、患者の皮膚細胞からｉＰＳ細胞を作って色素上皮細胞に変化させてシート状にして患者に埋め込むという臨床実験である。安全性の確認を第一の目的としており、視力の回復そのものまでは欲張っていないらしい。プロジェクトリーダーが「一般的な治療として広まるには二〇年かかる」と述べているように、じっくり時間をかけて再生治療に活かそうとする態度には好感が持てる。しかし、これがずっと維持できるかどうかが問題で、注視し続けねばならない。

人は新しい技術を見れば結果を考えずに使いたくなり、厄介な問題は後回しにしようとする。原発がその典型で、いったん手に入れると害悪はわかっていても止められなくなってしまう。iPS細胞がそうならないように今のうちに考えておかねばならないことが多くあるようである。

（中日新聞　二〇一三年三月二〇日）

後日談：申請は承認されて臨床実験が実施され、実験そのものは成功した。

アルマ望遠鏡開所式に出席して

去る三月一三日、南米チリのアタカマ山上に建設された電波望遠鏡「アタカマ大型ミリ波サブミリ波干渉計」（略してスペイン語で「友だち」という意味の「アルマ」望遠鏡と呼ぶ）を有する観測所の開所式があり、それに出席するためにチリに出かけた。

南米のブラジルやペルーは日本からの移民が多かった国だが、チリは遠洋漁業の指導以外では日本との関係は比較的薄い国であった。大陸の西側にあって乾燥した気候であり、かつての海底が隆起して形成された土地は塩分を含んでいて農業に適さない土地柄であったためだろうか。

アルマ望遠鏡は、六六台のパラボラ・アンテナを直径一〇キロメートルの敷地に展開し、受信した電波信号を重ね合わせる（干渉させる）ことで直径と同じ口径の単一望遠鏡と同等の分解能を得ることができる。望遠鏡群が建設されているアタカマ山上は高山（標高五五〇〇メートル）で空気が薄く、カラカラに乾燥していて空気中の水蒸気による雑音電波が少ないので地上からの電波観測に絶好の場所である。波長がミリメートルおよびそれ以下の電波で宇宙を観測することによって、遠方の銀河において星が形成される現場をクローズアップし、地球のような惑星の存在や宇宙生命の可能性を探ることができると期待されている。

　この計画はもう二〇年以上前から始動してきたもので、アメリカ・ヨーロッパ・日本の三極とカナダ・台湾そしてチリも参加した国際協力によって、合計八〇〇億円ほどかけた巨大プロジェクトとなった。このように最先端の科学実験はビッグサイエンスとなり、もはや一国だけで進めることは財政的に不可能となって国際協力が不可欠である。世界平和のためには歓迎されるべきことだが、地球大の規模となってしまい、ビッグサイエンスもそろそろ頭打ちになる時代が近づいている。科学においても、成長と発展の時代は終焉を迎えつつあると言えるだろう。小型であっても夢を育（はぐく）む将来計画、次の世代はこの難問に挑まねばならないのである。

　ところで、「国際協力」という言葉は美しく聞こえるが、内実は実に厳しい各国からの要求の駆け引きの場である。建設過程において国が投資した金額の見返り分の観測時間を確保したいし、完成後においては同じ装置を使っても他国より優れた成果を挙げねばならないからだ。インターナショナルな発想をすると思っていた交渉相手の科学者が意外に国粋主義者であることを発見したりする（相手もそう思っていることだろう）。まさに「協調」と「競合」が国際協力の合言葉なのである。ＴＰＰ交渉に見るように政治の世界では日本は外交力が弱いのだが、アルマ望遠鏡建設の交渉では科学者は一歩も怯（ひる）むことなく要求を通してきた。政治家も科学者から外交折衝のノウハウを学ぶべきかもしれない。

開所式にはチリの大統領が来て挨拶をした。二〇一二年に鉱山事故が起こって作業員が生き埋めになり、その救出劇で世界をハラハラさせ、成功するや大統領がノコノコ顔を出して売名行為だと非難されたのだが、今回の演説はなかなかのもので少し見直すことになった。さて、日本の首相は科学の式典に出て来るだろうか、そしてわれわれを感心させるだけの演説ができるだろうか。

日本とはちょうど地球の裏側にあるチリへの長旅でアレコレ考えたことであった。

（中日新聞　二〇一三年五月一日）

急ぎ過ぎる現代

ボーイングＢ７８７は二〇一一年一〇月に商業運航を開始したのだが、リチウム・バッテリーの発火など度重なるトラブルが発生したため、二〇一三年一月一六日にアメリカ連邦航空局（ＦＡＡ）が運航停止命令（日本では一月一七日に国土交通省航空局（ＪＣＡＢ）が運航停止命令）を出して飛行をすべてストップさせ、トラブルの原因究明が行われていた。しかし、真の原因が明確にされないまま、想定されるトラブル要因について検討・対処したと認定して四月二六日に運航再開がＦＡＡで承認され（それに追随して同日に日本でも再開が承認され）商業運航が再開された。国交省運輸安全委員会が「トラブルの発端は不明で（原因究明に向け）どの点に注目すべきかも絞れていない」と述べているように（ＭＳＮ産経ニュース四月二六日号）、まだ原因がわからないのに運航再開を認めたのは拙速過ぎると言わざるを得ない。

この図式は、福島原発事故後の対応と全く二重写しになって見えてくる。原発事故も、その直接原因が地震なのか津波なのか、まだ明確になっていない。また、原子炉の格納容器や圧力容器の損傷具合の詳細がわかっておらず、事故の推移がどのようであったかも把握できていない。そのような状態では、安全のための対策も打ち出せないはずである。それにもかかわらず、政権与党の自民党には経済的事情を優先しての原発再稼働の声が強まっており、もし参議院選挙で同党が圧勝するようなことになれば、原子力規制委員会に圧力をかけてなし崩し的に原発路線が復活することになるだろう。Ｂ７８７運航再開容認に先立って、国交省航空安全事業室の室長が、「三重の防護をしている。是正措置の妥当性に疑念を抱く内容のものはなく、総合的に判断し、安全が図られると評価した」と述べているが（同産経ニュース）、なんだか原子力ムラの人間が原発に関して語っているかのように感じられて仕方がない。根拠なしに安全神話を吹聴しているからだ。

労働災害の経験則にハインリッヒの法則がある。一件の重大な事故・災害の背後には二九件の軽微な事故・災害があり、さらにその背景には三〇〇件の異常（事故には至らなかったもののヒヤリとしたとかハッとした事例）が存在するというものだ。通常の労働災害だと、重傷以上の災害一に対し、軽傷を伴う災害が二九、傷害がないヒヤリ・ハット災害が三〇〇の割合ということだろう。

原発に関しては事故のスケールが大きくアップされて、この法則が当てはまっていると思われる。福島の十万人以上の人々に被害をもたらした重大事故一件に対し、「もんじゅ」の事故・ＪＣＯ臨界事故・美浜原発細管破砕事故などの比較的大きな事故（死者を出した事故もある）が数十件あり、さまざまなトラブル隠しで知られるようになった軽微な（だが重大事故につながりかねない）事故が数百件以上起こっているからだ。航空機に対しても同様なことが言えるのではないか。だから、Ｂ７８７のバッテリートラブルは軽微だが大事故の発生の警告をしていると捉え、運航停止を継続して原因を徹底究明してから具体的に対処するという謙虚さが求められているといえよう。

原発にしろＢ７８７問題にしろ、現代人は経済論理に振り回されて急ぎ過ぎているのではないだろうか。

（中日新聞　二〇一三年六月五日）

後日談：言うまでもなく、二〇一三年、二〇一六年の参議院選挙、二〇一四年の衆議院選挙に勝った自公政権は原発の再稼動を進め、二〇三〇年のエネルギー構成でも原発は二〇～二二％として、原発路線を強行しようとしている。

科学者の不正行為

このところ科学者の不正行為が目に付くようになった。もっとも、iPS細胞の移植手術を行なったという虚偽の発表とか、高血圧薬の臨床試験データ改ざん事件は例外だろう。前者はマスコミの早とちりであって、そもそも研究の状況を少しでも知っていたら騙されることはなかったと思われるし、後者は製薬会社の（元）社員が犯した犯罪行為と考えられ、製薬会社から多大な寄付金を貰う一方、データ解析を任せきりにした大学教員の自覚のなさは非難されるべきだが、科学者の不正行為とまでは言えないからだ。ここで取り上げたいのは、東大分子細胞生物学研究所の元教授が過去一六年間に発表した一六五本の論文のうちの四三本において、実験結果の画像などに改ざんや捏造（ねつぞう）の疑いがあるものが見つかったという事件である。過去において同様な不正行為があったが、なぜ相も変わらず起こるのだろうか。そしてなぜ、こんなに長い間バレなかったのだろうか。実験データを捏造してもいずれウソが暴かれることを当の科学者も知っているはずである。それにもかかわらず不正行為が繰り返されるのだから話は単純ではない。

まず、その大きな背景に研究費獲得競争が熾烈になっていることを挙げねばならない。研究者は、研究費がなければ研究を行なうことができず論文が書けない、論文が書けなければ研究費を獲得することができない、という悪循環に陥ることを極度に恐れている。特に、今や競争的資金と呼ばれる公募型の研究資金を獲得しなければならず、少しでも目立つために論文を多く出版する必要がある。Publish or Perish（論文を出版せよ、でなければ破滅）という言葉があるように、何が何でも論文が出せなければ研究者として死を意味するのだ。研究者は喉から手が出るくらい論文を欲している状態にある。そのような追い詰められた状況にあるから、なかなか論文が書けないと不正行為という禁じ手に走ってしまうのである。

一般に不正行為が行なわれるのは医学や生物学の分野に多い。その理由の一つは、人体や生物には多様性があることが特徴で、反応も個体によって異なる場合があり、そのような実験結果が出たと言われれば簡単には否定できないためだ。さらに、微妙な実験が増えてデータや画像を見ただけでは不正が見破れなくなったこともある。捏造されたデータがいくつも溜まると不正の手口の共通性が露わになり、他の研究者にようやく気付かれるということになる。不正行為が長期に渡るのはこのためだろう。

不正行為で目につくのは、教授のような身分が確立した研究者が直接不正行為に手を出すのではなく、その研究室のポスドク（博士号を持つが確定した身分を持たない研究者）や助教（かつての助手）や大学院生がデータの捏造を行なうというケースである。教授は研究現場には顔を出さず実験を若手に任せきりにして、早くデータを出せと迫るばかりである。実験を任せられた若手は思い通りのデータが出ないと追い詰められた気分になり、教授の覚えが悪いと将来の身分にも影響するから、つい禁じ手に手を出してしまう。教授は十分にチェックすることなくそのデータを鵜呑みにして論文にしてしまう、というわけだ。

競争原理という名によって、じっくり時間をかけて論文を書くという風潮が失われ、不正行為も蔓延(はびこ)るようになった。研究者の世界に競争社会の悪弊がそのまま現れているのである。

（中日新聞　二〇一三年八月一四日）

東京五輪への異論

二〇二〇年のオリンピックが東京で開催されることが決定した。テレビを始めとするマスコミは歓迎一色であり、経済効果が三兆円にもなるという目算でほくほく顔である。このように国全体がお祭り騒ぎなのだが、私自身はいくつかの理由から東京五輪について反対の意思を表明しておこうと思う。

理由の第一として、安倍首相が国際オリンピック委員会（ＩＯＣ）総会での演説および質疑において、福島原発に関する事実と異なった説明（汚染水は港湾内〇・三平方キロの範囲で完全にブロックされている）、空約束（健康問題については全く問題ないと約束する）、根拠なき願望（原発の状況はコントロールされている）を表明したことである。オリンピックを招致するための美辞麗句であったとはいえ、国際的な信義に関わる問題を抱え込んだからだ。現時点においてすら放射能を含んだ汚染水は一日三〇〇トンも海洋に流れ込んでおり、沿岸の漁業被害は止まらず、世界の海を汚していることは歴然たる事実なのである。ましてや、汚染水を完全に処理する目途は立っておらず、いつまでに解決するかの見通しもないのが現実なのだ。

第二に、安倍首相が調子に乗ってオリンピックを名目にして公共事業を拡大し、国の借金をますます増加させる危惧が大きくなったことである。アベノミクスと称する経済政策が破綻（大企業だけが大儲けして労働者の賃金が上がらない状況）しても、オリンピックまでという名目で無駄遣いをし続けるだろう。また、経済の活性化のためとして原発再稼動を強行し、脱原発の声は無視されてしまうのではないか。さらに、「オリンピックの成功」を口実としてテロ対策のための警備強化を図り、集団的自衛権の行使や国防軍の設置・緊急事態法の実施など国家の治安強化に乗り出す危険性がある。世界大戦の前夜ナチスが演出した一九三六年のベルリン・オリンピックと二重写しになる思いである。

第三に、いつ起こるかわからないが確実に近づいている関東地震（のみならず南海トラフを引き金とする東海・東南海・南海の連動地震）を考えれば、オリンピックにお金を使うより天災に強い町づくり（例えば家屋の耐震工事を国の費用で実施する）に投資すべきということだ。現状のまま東京直下型大地震に襲われたら日本は確実に壊滅するのを覚悟しなければならない。果たして、そのような覚悟の上でのオリンピック招致であったのだろうか。万一にもオリンピックの期間中に大地震が発生して多数の外国人が犠牲になるという事態が生じたとき、日本は責任を取れるのであろうか。東北大震災からの復興はまだ始まったばかりだし、原発事故の後遺症に悩む福島では一五万人の人が故郷を喪失し、未来設計が不可能な状態が今後もずっと続くのである。そのような困難の解決に全力を注ぐ方を優先すべきなのだ。

これらの理由の多くは杞憂（きゆう）に過ぎず、オリンピックがもたらす「夢と希望」は何ものにも変え難いという反論があることは承知している。しかし、私には東京五輪は麻薬と同じで、経済効果を期待する一時的なカンフル効果のみの「幻想の中の夢と希望」に過ぎないとしか思えないのだ。

オリンピックが終わった後に残るのは、廃墟となったスポーツ施設と地震に弱いお粗末な住居、そして病弊した国民という様が目に見えている。

（中日新聞　二〇一三年九月一八日）

後日談：すべてのマスコミがオリンピック礼賛で、このようなオリンピック否定論は一切無視されている。さて、このような言論の状況は正常といえるのだろうか？　少なくとも、オリンピックに疑問を持つ人は多くいるはずなのに、その声が聞こえないのだから。私たちは、『反東京オリンピック宣言』（航思社、二〇一六年八月刊）を出版したが、地方紙には書評は出たが、大新聞では一つも出なかった。この惨憺たる様は何を意味しているのだろうか。

「リニア」の行きつく先

リニア新幹線の「環境影響評価準備書」が公開・縦覧(じゅうらん)され一一月五日締切で意見募集がなされている。五年前にこのコラムでリニア新幹線批判をしたことがあるが、今一度これに対する異論を表明しておきたい。

辞書を引けば、リニアには直線、線状、線形、入力に比例した出力、わかり易い、という意味がある。さらに拡大解釈すれば、リニアには単線思考とか、単細胞とか、単純な発想(つまり、単純バカ)という意味が付与されるかもしれない。この拡大解釈も含め、リニア新幹線計画にはいくつもの「リニア」の意味が含まれており、それがこの計画の無謀さを語っているように思われる。

リニア新幹線という言葉の元々の由来は、強い磁界で車体を浮上させるとともに、S極とN極を交互に素早く次々と変換させて「リニア(直線方向)」の推進力を得、新幹線を上回る時速五〇〇キロのスピードを出す方式ということにあった。リニア・モーターである。ここで問題となるのは強い磁界を作り出すために車輪の部分に超伝導磁石を使うことで、それを極低温の超伝導状態に保つためには膨大な電力を必要とする。乗客一人当たりにすると既存の新幹線の約三倍となる。エネルギー節約時代に、この膨大な電力をどう調達しようというのだろうか。

そもそもリニア新幹線が最初に提案されたのは一九七三年で高度成長真っ盛りの時代であった。それより四〇年経って少子高齢化・人口減少と社会が大きな変化を迎えているにもかかわらず、相変わらず高度成長時代の夢を追いかけようという「リニアな（単純な発想の）」プロジェクトであることに唖然とする。現在の東海道新幹線に比べ、乗客数は一・三倍に増え、運賃は一〇〇〇円プラスするだけで済むと楽観している。建設コストが九兆円もかかるというのに。誰がそれを信じられるだろうか。

もう一つのリニア（単細胞）性は、東京から名古屋そして大阪まで、ほぼ「リニア（直線）」で結ぼうとしていることだ。そのために都市部では大深度地下トンネル、南アルプスの山並みでは直下に大トンネルを穿つことになっており、経路の八割までが地下を走るようになる。これによって大量に排出される土砂の処分が問題だし、地下水脈の溢水や遮断などの環境破壊が起こる可能性が大きい。また糸魚川・静岡構造線という大断層がある脆弱な地盤を横切るので、地震による崩壊の危険性も考えられる。これまで散々自然を痛めつけ、その結果として思わぬ災厄も招いてきたというのに、性懲りもなくまた大々的な自然破壊を行おうとするのだろうか。

東海道新幹線が建設以来四九年を経て老朽化しており、東海地震が起これば大きな被害が出ることが予想されることから、本州の中央を走る幹線を代替で作っておくべきだという論（「東京―名古屋―大阪間の大動脈の二重化」というらしい）がある。私はそれに反対はしない。しかし、それがリニア新幹線になるべきという必然性はなく、鉄道技術としてほぼ完成に近い時速二〇〇～三〇〇キロ程度の通常の新幹線で十分である。技術者は、一つの技術を征服するとより高いレベルの技術にチャレンジしたがり、異様なものを作り上げてしまう傾向がある。それも「リニア（単線思考）」と言うべきだろう。

これまでのリニア実験線を観光施設として活かすことに留め、無謀なリニア新幹線計画は中止すべきではないだろうか。

（中日新聞　二〇一三年一〇月二三日）

後日談：リニア新幹線計画は、民間の自前の事業ということで国としての財政出動がなく甘い審査で認可したのだが、実際に計画が動くようになると、国が財政援助することになった。ペテンにかけられた思いである。

日本は農業に不適な国である

ＴＰＰ交渉で農産物の取り扱いが大きな焦点になっている。日本は「瑞穂（みずほ）の国」と自称してきたように、高温多湿の気候だから農業に適した国である、それにもかかわらず農産物の輸入に高い関税をかけて農業を守らねばならないのは農家が甘えているためだ、とお思いの方がおられるかもしれない。実は私も少しはそう思っていたのだが、「高温多湿の日本は農業に不適な国」と主張する文章（橋口公一「学術の動向」二〇一三年九月号）を読んで目から鱗（うろこ）が落ちる思いがしたので、ここに紹介しておきたい。

農業とは、田畑に栽培する農作物（植物）が二酸化炭素と水を材料にし、太陽の光エネルギーを使ってデンプンを作る光合成反応の結果を収穫し利用する営みのことである。地上に生きとし生けるもの（イオウを食べる細菌以外）すべてが植物の光合成の産物のおかげで命を紡ぐことができている。太陽のエネルギーが多いから高温であり、雨水が多くて多湿なのだから、高温多湿の日本は農業にとって最適の国と考えるのが常識であった。

　しかし、よくよく考えてみれば、高温多湿であるということは望みの作物だけでなく雑草もどんどん育ち、それにたかる害虫が多く発生し、細菌による疫病も蔓延しやすく、それらすべてと戦わない限り十分な収穫が得られないことを意味する。日本ではほとんど米を直播（じかまき）せず、雑草や害虫にやられない大きさになるまで苗代（なわしろ）で育て、代掻き（しろかき）をして土を軟らかくし、かつ平らに整地した田んぼに移植（つまり田植え）をしている。苗代と田植えは稲が雑草・害虫に負けずに自立して育つための不可欠な作業といえる。それ以後秋の収穫まで、農薬を撒き、肥料を散布し、田の草取りをし、というふうに米の字の通り八十八もの手間をかけねばならないのは、さらなる雑草と害虫との闘いのためなのである。

　また、光合成に必要なのは太陽の光エネルギーであって熱エネルギーではない。つまり、高温であることが大事なのではなく、植物の育ち盛りに太陽光線が緑の葉っぱに当たることが必要なのである。ところが、多湿ということは雨が多く厚い雲に覆われる日が多いので日照率が低いことを意味する。特に六月という昼間の時間が最も長い夏至の季節なのに最も雨が多く降るのだから、光合成には実に不利な気候条件なのである。さらに、日本では収穫期直前の初秋に毎年のように台風や洪水に見舞われ、作物が倒れたり、腐ったり、流されたり、果実が落下したりと、さまざまな被害を受ける確率が高い。地震や津波が多いことも農業に不利である。

　このように考えると、農業に向いている気候条件は高温多湿とは反対の低温少湿（雑草・害虫が少ない）であり、涼しくてお天気の日が多く（日照時間が長い）、風水害に見舞われない（台風や豪雨がない）ということになる。だから、アジアのモンスーン地帯ではなく欧米諸国の方が農業にとって有利なのである。日本の農産物の値段が高いのは農家が怠けて儲けようとしているわけではなく、害虫や細菌や雑草との斗いのために多量の農薬や肥料を必要とし、健康な生育のために多大な労力をかけねば十分な収穫が得られないからなのだ。放っておくと瞬く間に雑草が生い茂り害虫が飛び交う荒野に戻ってしまう日本だから、美しい田園の景観が保たれているのは農家の苦労の賜物と言える。

農業に不利な国であることを自覚し、食糧の自給率をこれ以上下げないことが国の将来にとって大事であると考えるなら、農業への強力な支援が必要なのではないだろうか。

（中日新聞　二〇一四年一月一五日）

後日談：原発事故で農業が不可能になって放棄された福島の農地が、一、二年の間で雑草が茂り、
元の荒野に戻っている姿を見れば、この論の正しさがわかるのではないだろうか。

国家に「秘密法」が必要なのか?

「特定秘密保護法案」が衆議院で強行採決された。この法律案には、「何が秘密であるかについては秘密」という、その根幹に関わる疑問を始め、公開についての明文がない、従って秘密解除の時期が明確に規定されていない、外国へは特定秘密を提供できる、秘密指定されるべきではない人道法や公衆衛生についても特定秘密とできる、特定秘密取扱者およびその家族への適正評価項目は人権の侵害に当たる、報道の自由が配慮されるのみである、市民団体などの情報収集が権利として認められていない、内部通報者の権利と義務が保証されていないなど、数多くの問題が指摘されていた。にもかかわらず、大政翼賛会よろしく賛成多数で議決してしまった。

私が一番心配することは、始めは何事もないが、やがて拡大解釈され、気がついたときには戦前の治安維持法のごとく人々の思想や情報交換の自由を奪っていくようになるのではないか、という点である。「国家の安寧のための秘密事項である」と銘を打てば、秘密保護と治安維持が等値され、思想弾圧に使われる危険性が大きいからだ。多数の人間が被害を受けた自然災害や原発事故なども秘密として広く人々に知らされなくなり、それを伝えようとした人が罰せられるという事態だって想像される。今回の法律は「特定秘密保護」のためであって治安維持のためではないと言われるかもしれないが、それは解釈次第であり、権力を持った者の恣意的な思惑でいくらでも解釈を拡大することが可能になるのである。

私自身が当初から疑問に思っていることは、そもそも国家が公然と秘密を持つことを認める「秘密法」は本当に必要なのか、という問題である。外交・防衛・安全保障・テロ対策などでは国家間の密約や国家機密の施策が必要であり、それを「秘密保護法」で規定し、違反に対して厳しい罰則を設けておけば、政治の自由度が確保でき秘密の漏洩も防ぐことができる、それが秘密法を制定する動機のようだ。これにはなかなか反論できないように思えてしまう。

しかし、権力者や官僚は絶えず権力の拡大を目指しており、情報の独占を図り、上意下達で国民を従わせたいと望むものである。その方が国家の統治に都合がよいからだ。そのため、いったん「秘密法」という枠組みが出来上がると、それを拡大し国家の安寧のためと称して治安維持と結びつけていくのは当然ではないだろうか。

従って、私は国家に「秘密法」はあってはならないと考えている。「秘密法」がなくても、権力者はさまざまな名目をつけてマル秘指定を行ない、あるいは情報を独占して都合の悪いことは市民に知らせないようにするだろう。それに対し、市民は権力者の動向を監視し情報公開を常に求め、暴き、内部通報する権利を保有しているべきだと思うのだ。そのような権力者と市民とのせめぎ合いがあってこそ、民主主義が鍛えられるのではないだろうか。
自衛隊のカラ発注やムダ遣いが新聞を賑わしているが、これらはやがて「特定秘密保護法」によって防衛秘密にされて捜査の対象から外され、一切報道がなされなくなる可能性がある。権力は無監視状態になるのである。
私は国家には法律で守られた秘密があってはならない、そう考えている。

（中日新聞　二〇一三年一二月四日）

後日談：ウィキリークスが暴いたように、国家は限りなく秘密を保持したがり、ナンセンスなものまで国家秘密にすることを忘れてはならない。

人生の区切りのとき

二七歳のときに京大の助手に採用されてから四二年の間、(一年だけ早稲田大学にお世話になったことを除けば) ずっと国立大学に勤務してきたのだが、ついにこの三月に退職することになった。人生の区切りのときなのだろう。

この間、京大、北大、東大、阪大、名大と、旧七帝大のうちの五つまで歴任し、最後に総合研究大学院大学で任期終了という次第である。いずれの大学でも五年から八年くらいしか滞在せず、腰を据えて教育研究を行ってきたと胸を張って言えないかもしれない。それでも一〇人以上の大学院生への学位研究(博士)を指導してきたのだから、そう怠けていたわけでもない。学生たちが大学院に入ってから博士号を授与されるまでに最低五年間は必要で、比較的短い期間で大学を変わってきたものだから、面倒をみた院生の数が少ないのは確かだろう。この点では悔いが残っている。

日本では、大学に入学以後、その大学で教員となって定年までずっと勤めるという人が多くいる。私はそれに批判的で、自分に任期を課して大学を移ることを自らに強要してきた。人事交流が盛んに行われることによって清新な空気が持ち込まれ、そんな大学でこそ次代を切り拓く人材を多く養成できる、そう考えてきたためである。果たして、その目標が達成されたかどうか心許ないが、逆に私自身にとっては大いにプラスになったことは事実である。同じ場に長く居続けると付きまとうようになる「しがらみ」とか「義理」とかに縛られず、周囲の思惑を気にしないで自由にものを言うことができたからだ。

もう一つ良かったことは、どの大学にも長く培われてきた「学風」とか「学統」とかがあり、それは大学が設立されている土地柄と強く結びついているという事実を発見したことだろう。大学が設置されている地域が経てきた歴史やそこで生きる人々の思いが混じり合い反映し合って、それぞれの大学の持ち味になっているのだ。大学が持つ独特の気風のようなものの醸成には、積み重ねられてきた学問の重みや先達から引き継がれた学識の系譜が重要であることは言うまでもないが、同時に地元の人々との相互作用を通じて形成されてきた伝統も大学を特色あるものとしているのだ。

しかし、それはある意味で私が過ごせた牧歌的な時代の感想であるのかもしれない。今、文科省は「大学改革の加速期」と称して、国立大学に対して予算システムや制度改革を強く求めている。財界筋から「有為な人材を育てていない」との攻撃を受け、それに呼応すべく国立大学の尻を叩いているのである。例えば、国立大学が自由に使える予算項目である一般運営費交付金は年々減らされる一方、別個に文科省に申請して獲得する、限られた年限しか続かない予算が急増している。大学側は、その予算を獲得するために目先の改革の実を上げるのに汲々となっており、学風とか学統というような高邁な理念を置き去りにせざるを得ないのだ。結果的に、どの大学も似たり寄ったりになり、地域が育んだ特質が弱くなってしまうのではないかと危惧している。

（中日新聞　二〇一四年二月一九日）

後日談：国立大学は、「国際級」「国内級」「地域級」と三種別に分けられて、それぞれの目的に応じた教育研究に勤しむことになりつつある。さらに、文系・社会系の分野は縮小して理工系に転換すべしという圧力もかかっている。このまま進めば、日本の高等教育は壊滅してゆくのではないだろうか。

ＳＴＡＰ細胞を巡るドタバタ劇

「それが事実ならばノーベル賞は確実」という生物学の常識を揺るがすような大発見を、たった三〇歳の女性が成し遂げたとして大きなフィーバーとなり、割烹着姿で実験する姿がテレビ画面に何度も現れたのは二〇一四年一月末のことであった。紅茶のような弱酸性の液に二五分程度浸すだけで体細胞のＤＮＡが万能性を回復するというＳＴＡＰ（刺激惹起性多能性獲得）細胞の作成成功をネーチャーに発表したためである。

とはいえ、私は直ちには信じられなかった。科学者は本質的に懐疑主義者であり、「大発見」と聞いても直ぐに信用せず成り行きを見守るという性癖がある。間違いや事実誤認の発表であったり、データの捏造や偽造によることがあるためで、別の実験的証拠が出るのを待ってからでも遅くないからだ。だからまだ信用できないということは、発表の翌日の首都大学での講義で述べていた。もっとも、ＳＴＡＰ細胞は、山中教授がノーベル賞を受賞したｉＰＳ細胞（誘導多能性幹細胞）よりも簡単に作成でき、ガン化の可能性も低いようだから本当であって欲しいという願望があったのは事実である。また、この研究を行ったのが日本ではまだ数少ないリケジョ（理系女性）であることから応援したいと思ってもいた。

そこで私が注目したのは、共同研究者の顔ぶれと研究機関である。長く研究の実績を積み、結果の重大性もよく弁（わきま）えている研究者が論文に名前を連ねているのなら、若い研究者を補佐し、誰からも文句が出ない万全の論文として発表しているに違いないと思えるからだ。また理化学研究所（理研）という名門の研究機関から発表された画期的な論文なのだから、理研も念入りにチェックしてその結果に十分自信を持っているはずと信用していた。生物学は私の専門外の分野なので論文を見てもその詳細はわからないから、論文発表をバックアップしている人物や機関への信頼感から、徐々にＳＴＡＰ細胞論文を受け入れる気になっていたのである。私も権威主義に陥っていたのかもしれない。

しかし急転回した。論文に対する数多くの疑惑が出され、理研も調査を開始して三月一四日にその中間報告を行い、論文は急遽撤回される雲行きとなったからだ。一般に「より重大な結果の発表には、より重大な証拠を取り揃え、より細心の注意で論文を書かねばならない」と言われる。そうであればこそ世の中を揺るがすような新発見がなんとか認められるのである。このＳＴＡＰ細胞に関しては、「より重大な証拠」（ＳＴＡＰ細胞からマウスの細胞が作成された直接証拠）の画像が切り貼りされたもののようであり、論文に使われた四枚の画像が別の目的で得られたものの使い回しであったように、論文執筆に「より細心の注意」が払われてもいなかったのである。そのため、論文の真実性への疑いが否定できなくなったのだ。

主著者である小保方さんが平気で他人の論文をコピペしたりや画像を使い回したりする研究者としての体質に唖然とし、科学の基礎的な倫理教育が欠けていることを実感したのだが、いっそう私が騙されたと思ったことがある。そのような欠陥論文を日本を代表するシニアの共同研究者や理研が見過ごしていたことだ。そのような倫理に悖(もと)る研究姿勢は科学的真実に対する誠実さを疑わせるのは必至である。マスコミが大きく騒いだだけに、その反動で社会の科学への信頼感が薄れることを強く懸念している。

（中日新聞　二〇一四年四月二日）

後日談：ＳＴＡＰ細胞は幻であり、ＥＳ（胚性幹）細胞が混入していたためと判明した。小保方さんの博士論文は取り消され、研究者としての資格を失った。しかし、理研や関連研究者の真摯な反省の弁は結局聞かれないままである。

御嶽山噴火の警告

一九七九年一〇月に有史以来初めて噴火した御嶽山が、気象庁が定めた「噴火警戒レベル1の平常」であったにもかかわらず、二〇一三年一〇月二七日に突然水蒸気爆発を起こした。九月に火山性地震が連続していたのだが、いったん落ち着いていたこともあって今回の噴火の前兆現象とは考えず、「注視」するという判断にとどめていたのである。そのため、自由に登山できる三千メートル級の山とあって人気が高く登山客が多かったのだが、突然の噴火のため頂上付近で噴煙に巻かれたり噴石に直撃された犠牲者が多く出ることになった。火山学の専門家が語っているように、火山噴火の予知・予測がいかに困難であるかをまざまざと見せつけられた思いである。

これに関連して直ちに懸念されることは、川内原発の周辺にはいくつもの活火山があっていつ大噴火を起こすかわからないのに、原子力規制委員会は火山審査に対して甘い判断しかしていないことである。規制委員会が二〇一三年六月に出した「原子力発電所の火山影響評価ガイド」

（以下、火山ガイド）では、「火山性地震や地殻変動、火山ガスなどを監視することで火山の状態をモニタリングし、火山活動の兆候を把握した場合には、原子炉の停止、核燃料の搬出などを実施する」とし、「事業者にその対処方針を定めることを求める」としているに過ぎないのだ。

要するに規制委員会の火山ガイドは、モニタリングを行なうことで巨大噴火が起こる時期を予知することができ、予知してから噴火までに原発の運転を停止して核燃料を原発敷地から安全な場所に搬出できる十分な時間がある、という前提に立っているのである。それに応じて九電は地殻変動や地震活動を観測してモニタリングする計画だけを提出し、規制委員会はこれを妥当と認めたのだ。九電も規制委員会も、現在の原発の核燃料が存在する期間（五〇年くらい）には巨大噴火に至る状況ではないと勝手に判断をしているのである。そのため九電は核燃料搬出の対処方針のみで実施計画を作成しておらず、規制委員会もそれをあえて求めていない。実際、その計画を作るだけでも長い時間がかかることになるのは確実だから不可能なのだろう。火山活動の兆候を把握して原子炉を停止し、核燃料の搬出を実施するとあるのだが、その段階になって放射性物質を多量に含んだ核燃料の保管所を引き受ける地域がそう簡単に見つかるとは思えないからだ。もともと不可能な想定の上での火山ガイドなのである。

規制委員会は、そもそも川内原発の火山審査について専門家を入れないまま審査書を作成し、実際に火山活動のモニタリングをどうするかという段階になって、慌てて火山学者が参加する検討会を設けたのが現状なのである。その検討会の場で火山学者は噴火の事前予知の困難さを指摘し、火山ガイドが絵に描いた餅に過ぎないことを強調した。現在の知識では、噴火予知できたとしてもせいぜい数時間から数日であり、核燃料を搬出できる時間的余裕はない、と。そして、それを実証するかのように気象庁が常時監視している御嶽山が何の前触れもなく噴火したのである。
自然は私たちが望むように振る舞ってくれるわけではない。大地震も大津波も私たちにとっては天災なのだが、自然の営みとしてはちょっとした揺らぎに過ぎず、それに振り回されているのが人間なのである。私たちはもっと謙虚になって自然を侮（あなど）らず、福島の事故を教訓にして危険な原発から手を引くのが必要なのではないだろうか。

（中日新聞　二〇一四年一〇月九日）

軍事化する宇宙

宇宙空間の軍事利用が急速に拡大されている。

一九六九年に宇宙開発事業団が発足するとき、衆参両議院において「宇宙開発は平和目的に限る」決議が挙げられた。憲法の精神に則って軍事のために宇宙の開発・利用を行わないと宣言したのであった。科学衛星は東大航空宇宙研究所とその後継である宇宙科学研究所が自主開発した固体M型ロケット、実用衛星は宇宙開発事業団によるアメリカからの技術導入による液体H２ロケットと棲み分けをし、宇宙の平和利用という精神が守られてきたのである。

ところが一九九八年、北朝鮮が人工衛星の打ち上げと称するロケット発射を行ない、日本政府は弾道ミサイル・テポドンだとして非難するとともに、それを口実として同年一二月には安全保障や大規模災害への対応を目的とする「情報収集衛星」を打ち上げることを閣議決定した。この衛星は事実上の偵察(スパイ)衛星で、宇宙の軍事利用を開始することになったのである。

この偵察衛星は、写真撮影をする光学衛星と電波によって画像を取得するレーダー衛星一機ずつで一組とし、二組四機体制で運用される。最初に偵察衛星が打ち上げられたのは二〇〇三年で一二〇〇億円を投じて四機を運用する予定であったのだが、二号機二機が打ち上げ失敗によって海の藻屑（もくず）となった。（以後、二〇一六年までに二組（四機）と実証機二機が打ち上げられているが寿命が短いこともあって、次々と打ち上げねばならず、これまでの総計でなんと一兆円以上をつぎ込んでいると推算されている）。三・一一の地震・津波の状況を撮影したはずだが、取得データは何ら公開されていない。

このように実質的に宇宙の軍事利用は進められてきたのだが、公式には二〇〇八年に宇宙基本法が策定されて「安全保障に資する」という条項が入り、「「非軍事」から「非侵略」へ」と旗印を変えることになった。防衛目的のための宇宙の軍事利用であり、侵略目的ではなければよいということらしい（どの国だって侵略のための軍事化と言わないものだ）。そして、二〇一二年にJAXA法から「平和目的に限り」という条文が削除され、宇宙の軍事利用を堂々と行う体制が作られたのである。

その動きは二〇一三年から開かれている「宇宙に関する包括的日米対話」で、アメリカ側から国防総省やNASA（アメリカ航空宇宙局）、日本側は防衛省やJAXA（宇宙航空研究開発機構）などが参加し、今年五月に出された共同声明では、安全保障分野における協力としてSSA（宇宙状況監視情報）の共有とMDA（海洋状況監視情報）の運用評価を行なうこととなっている。そして日米防衛協力ガイドラインを通じて、宇宙監視の協力強化のためにJAXAと米軍の情報共有を本格化させることが計画されている。そのためだろう、例えばＪＡＸＡは防衛省技術研究本部との間で赤外線センサーに関する技術交流を開始しており、早期警戒衛星によるミサイル発射の探知技術に応用されることは明らかである。また人工衛星の安全のために宇宙空間に漂うスペースデブリ（宇宙のゴミ）の監視をＪＡＸＡが長年に渡って行ってきたが、自衛隊に専門部隊を新設して監視業務を共有しデータを米軍に提供することが検討されている。

ＪＡＸＡ法が改訂されるときに私たちが予想した通り（本書122頁）宇宙の軍事利用が着々と進んでいるのである。人々の夢を抱く宇宙であるために、私たちは宇宙利用がいかなるものに変貌しているかをしっかりと監視し続けなければならない。

（中日新聞　二〇一四年一一月一二日）

「安全保障に資する」という法律の文言

「安全保障」という言葉は、さまざまな意味に使われているが、伝統的には「外部からの侵略に対して国家および国民の安全を保障すること」（『広辞苑』）という意味で使われるのが普通だろう。特に法律の文言で「安全保障に資する」と書かれると、法律の対象が国家の安全保障のために格別の寄与をすべきと解釈できる。

近年に成立した法律で「安全保障に資する」という文言が使われた重要な法律が二件ある。一つは宇宙基本法、もう一つは原子力基本法である。これらは宇宙開発と原子力利用という、国が主導的な立場で巨大な資金を投入して推進する国家的大事業の基本方針を定めた法律で、そこにこの言葉が入ったことによってこれら特殊目的の事業の未来が変質させられる状況になっていることを述べておきたい。

日本の宇宙開発を主要に担っている宇宙航空研究開発機構（ＪＡＸＡ）が、二〇〇八年の宇宙基本法の施行、そして二〇一二年のＪＡＸＡ法の改定を通じて軍事化路線を歩みつつあることは既に報告した（さらに二〇一五年になって新「宇宙基本計画」が出され、国を挙げての宇宙の軍事化が大々的に推進される状況となっている。この計画では宇宙政策の目標として、宇宙安全保障の確保、民生分野における宇宙利用の推進、宇宙産業及び科学技術の基礎の維持・強化の三点が掲げられているが、なんと「安全保障」という言葉が五〇ヵ所以上につかわれているように、宇宙軍拡路線が明確である）。

原子力基本法に関して、二〇一二年当時の民主党政権は姑息（こそく）な方法を採った。原子力利用の規制・監視を行なうための原子力規制委員会設置法を成立させたのだが、その附則第一一条第２項において、原子力基本法の第二条に「我が国の安全保障に資することを目的として」を付け加えることとしたのだ。日本の法体系は、憲法－基本法－個別法という構造となっており、上位法の精神に沿って下位の法律が詳細を規定すると思っていたのだが、しかし、今回の措置によって、そうではないことがわかった。とはいえ、附則で五七年も前の法律を簡単に変更するということに驚かざるを得ない。

現在のところ、原子力分野ではまだ安全保障条項が発動されてはいないが、やがてこれを口実として原発事故の隠ぺい、さらに核兵器の開発に進むのではないか。「安全保障」という言葉はいくらでも拡大解釈される。私たちはしっかりと権力を監視しなければならない。

（中日新聞　二〇一四年一二月一七日）

後日談：二〇一六年に出された宇宙基本計画の「工程表」によれば、アメリカの全地球測位網（GPS）を補完する準天頂衛星を七機（GPSの主要な任務は軍事利用であり、一般車のカーナビ利用は副産物に過ぎない）、秘匿性の高いXバンド防衛通信衛星三機、情報収集衛星の常時一〇機体制（既に光学衛星と電波衛星二機を一セットとして常時二セット体制のために、これまで五セット一〇機の偵察衛星が打ち上げられてきた）など、軍事利用のための衛星計画がずらりと並んでいるのである。このためにはJAXAの予算を三〇〇〇億円から五〇〇〇億円に増やさなければならない。その余波として基礎研究のための宇宙科学へ配分される予算が先細りになるのは目に見えている。予算を削減されながらも「はやぶさ2」は六年間の宇宙飛行に旅立ったが、六年後にリターンしてきたときの日本の宇宙開発の状況はどうなっていることだろうか。まさに、宇宙基本法に書き込まれた「安全保障に資する」文言がご威光を発揮しているのだ。そして最も危惧すべきなのは、宇宙ロケットと原子力が結びついた、核兵器ミサイルの登場である。二〇一六年の四月の閣議で、「憲法の枠内では核兵器の保有・使用は禁止されているわけではない」と確認しているが、日本が核兵器保有国になる可能性もあることを忘れてはならない。

「平和」の概念の変化

「積極的平和主義」の言葉の意味がよくわからなかったのだが、「平和」の概念がどう変わってきたかを考えているうちに、遅ればせながらようやく摑めたような気がしてきた。

アジア太平洋戦争が敗戦に終わり、人々はもう二度と軍国主義の世の中は厭だと思うようになって、戦争を放棄する新しい憲法を歓迎した。このときの「平和」は非武装であり、戦力を保持しないことであった。軍事力に一切頼らず、問題があれば交渉と話し合いによって解決の道を探るという、人類の理想を求めようとしたのである。

すると必ず、国内で暴動が起きたらどのように鎮圧するのか、国外から敵が攻めてきたときどのように国を守るのかという議論が起こされる。国には軍隊という組織が必要であり、それが治安を保ち国民の安寧な生活を守るというわけである。その結果として、一九五〇年に警察力を強化するという名目で警察予備隊が発足し、それが一九五二年のサンフランシスコ条約を契機に保安隊に改編され、一九五四年に防衛力の増強を目指して自衛隊になった。ここで「平和」の概念が、「非軍事」（一切の武力を持たない）から「防衛（自衛）目的なら軍事も可」と大きく変化したのである。そして、事実上の軍隊が存在することを「平和」の名で許容することになったのだ。

しかし、多くの人々の意識としては「平和＝非軍事」であり、日本は軍事力に頼らないで紛争を解決する平和路線を意味してきた。憲法が持っていた非武装の精神は自衛隊の存在で否定されたのだが、それは例外的な場合だから仕方がないと思ってきたのだ。

ところが、二〇〇八年に宇宙基本法ができて宇宙開発の目的に「安全保障に資する」という言葉が入り、そこではっきりと「平和」の概念が「非軍事」から「非侵略」へと切り替わることになった。わざわざ「非侵略」と言わねばならないのは、自衛隊の軍備が増強され、防衛目的の枠を越えて他国を侵略できるほどに肥大化したことを意味する。

そして、よく使われるようになった言葉が「安全保障」で、外部からの一方的な侵略を想定し、軍事力によって自国の安全を保障するのは当然となったのだ。今、安全・安心な社会システムの実現を「総合的な安全保障」と言い換えて流布させているように、「安全保障」という言葉が巷に溢れるようになった。それによって、自然のうちに軍事力を強めていくことを認める雰囲気を作り出しているのは明らかだろう。

つまり、「平和」という言葉は、最初は「非軍事」であったのに、「防衛目的」となって軍事力の保持を容認したが「非侵略」だから別に問題はなく、国としての「安全保障」に努めねばならない、というふうに変遷してきたのである。現在は、もっぱら「安全保障」が「平和」を代行する言葉になってしまった。「積極的平和主義」とは「積極的に国家の安全保障に励むこと」を意味し、そのためには特定秘密保護法を策定し、武器輸出三原則を換骨奪胎して武器輸出を可能とする防衛装備移転三原則へと変更し、集団的自衛権の行使で他国に侵略できることなのだ。防衛目的の軍事力から、やがて「平和のための先制攻撃」となるのではないか。

こうして「平和」という言葉の使われ方の変遷をたどっていくと、ずいぶん元の意味から遠ざかってしまったことがわかる。私たちは言葉の内実をしっかり見極めていないと、大きな落とし穴に嵌(は)まってしまうのではないだろうか。

（中日新聞　二〇一五年三月一一日）

後日談：軍人の言葉に、「敵に叩かれる前に敵を叩くのが鉄則」というのがある。つまり、先制攻撃が勝利を保障するのだ。彼らにとっては先制攻撃は当然なのである。

ドローンという怪物

「ドローン」が何であるかご存じだろうか？　米軍がイラクやアフガニスタンで使っている無人爆撃機（プレデターとも呼ばれる）のことだと知っておられる方も多いかもしれない。しかし、辞書に載っているように元来は「無線操縦無人機」を意味するのが一般的で、軍事用に開発された技術が今後民生のあちこちの場面で使われることが予想されている。まさにスピンオフの典型である。戦争のための無人機の歴史をたどりつつ、民生利用がどうなるかを考えてみよう。

無線操縦と言えばラジコンのこと、それがミニカーとか模型飛行機で留まっていればよかったのだが、さまざまな装置を装塡（そうてん）して戦場に派遣し、無人の偵察機やヘリコプターや爆撃機として使おうというアイデアが出されたのは早くも一九五〇年代初めの頃であった。長らく技術開発が続けられ、一九九四年にボスニア紛争に偵察機としてその有能さを発揮してから、滞空時間を延ばし、速度が低速から高速まで調整でき、ビデオカメラやレーダーを装備し、送受信アンテナを備え、複雑なコントロールが可能で、騒音が小さく、上昇・下降が容易であり、機関銃を発射しても安定に飛行を続け、レーダーに捕捉されないステルス素材で、軽量かつ小型化が可能、などの難しい条件を次々とクリアして進化してきた。デジタル技術・人工知能・ロボット操作などの発達がこの開発を後押ししたことは言うまでもない。「プレデター」（捕食者）という恐ろしい呼び名で呼ばれるようになった二〇〇〇年頃からで、本格的にペンタゴンとＣＩＡが手を結び合って開発を促進し、今や操縦室はアメリカ本土にあり、海外各地でドローンを飛ばして偵察・爆撃を行なうのが当たり前になりつつある。

最初、空軍や海軍のパイロットがドローンの開発に反対したそうである。自分たちが持っている飛行操縦技術が否定されるかのように感じたためであり、むろん職場を奪われてしまうとの脅威を持ったからだ。しかし、スパイ衛星よりは鮮明な敵情報が常時得られ、Ｕ２偵察機のような危険を冒さず、それらよりずっと安い費用でドローンを偵察機として使えることがわかって許容するようになり、一気に拡大した。パイロットだってミサイルで爆撃される危険性より、安全な本土の操縦室勤務を好むようになったためでもある。

しかし考えてみれば、人間はなんと愚かしい存在だろうか。膨大な資源を浪費してドローン開発につぎ込み、戦場に投入されて多くの人間を殺傷し、肉親・友人・知人を失った多数の不幸な人間を産み出しているのみであるからだ。

他方、ドローン技術はさまざまな民生の用途に応用されようとしている。災害や事故現場をごく近い上空から撮影でき、人が近づけない場所に緊急物資を輸送し、倉庫や工場から注文者に直接宅配するとか、人の目が行き届かない場所を監視や遠隔地の撮影をする、というような役割が期待されているのである。むろんいいことばかりでなく、グーグルのマップがプライバシー問題を引きおこしたように、四六時中人間を上空から追跡できるので、もはや個人誰でもが真っ裸にされかねない危険性がある。ジョージ・オーウェルが描いた『一九八四年』のディストピアが実現してしまいかねないのだ。他方、それで安全性が増したという人もいる。

科学・技術の野放図な発達は、人間社会を質的に異なった状態に作り上げる危険性がある。私たち自身が無線操縦・完全監視されてしまうような世の中になっていいのだろうか。

（中日新聞　二〇一五年四月一五日）

国の税金で賄われている……

過日の国立大学長会議において、文部科学大臣が国立大学においても卒業式や入学式で国旗掲揚と国歌斉唱をするよう「要請」した。一九九九年の国旗国歌法の施行によって、国旗や国歌が国民に定着してきたことを口実にして「取扱いについて適切にご判断いただけるようお願いする」と語ったそうである。小中高は学習指導要領で指導（実際は強制？）できたのだが、大学にはそのような典拠になるべきものがないから「各国立大学の自主的な判断にゆだねられている」と述べるしかなく、各大学の自主的判断に任せるような口調ではあるが、国立大学が今置かれている状況を考えれば、この「要請」は「脅迫」に近いと言える。

そもそもの発端は、国会の議論の中で安倍首相が「国の税金で賄われている大学なのだから」との理由で、国立大学が節目の儀式において国旗掲揚と国歌斉唱を行なうのが当然とのニュアンスで語ったことにある。この「国の税金……」という言葉が「国の言うことに従うのは当然」との風潮に結びつき、結果として国家を批判する思想が弾圧され、愛国主義が強要されたのが戦前の大学であった。国家に従順な思想と行動を大学人に要求するために税金が持ち出され、その恩義に報いよという論理が組み立てられたのだ。それが今も続いており、国家予算のスポンサーが政治家や官僚であるかのように振る舞うのが常となっている。しかし、そこに大きなすり替えがあることは明白だろう。国家予算の大本は税金であり、税金の真の拠出者は国民なのだから、国家（立法であれ行政であれ）は国民に代わってその管理と配分を受任しているに過ぎないからだ。

国民が国立大学に税金を投入することを認めてきたのは、研究によって得られた学術の成果を文化として共有し、教育によって次世代を担う人間を養成する（そして必要ならば国の方針に異議を唱える人材を育てる）、そんな役割を期待しているためである。だからこそ、学問の自由を最大限に認め、大学の自治を尊重することを当然としてきた。そのような条件が満たされてこそ、何ものにも捉われずに研究と教育と自由な言論が全うできるからだ。まさに大学は公共財という意味はそこにある。首相や文科大臣の言うことに唯々諾々（いいだくだく）と従うのは国立大学としては恥ずかしい限りというべきだろう。

とはいえ、国立大学は今大きな曲がり角に差しかかっている。二〇〇四年に法人化され、それ以降一般運営費交付金と呼ばれる大学の基本的運営経費は年々削減される一方（法人化以来累計で一〇％以上削減された）、「選択と集中」政策の下で大学教員は自分の研究費を熾烈な競争で勝ち取らねばならなくなったからだ。その結果として、論文数を稼ぐために安直な論文ばかりが増えて日本の研究力が低下しつつあることが報告されている。そして、文科省はこのような予算制度を逆用して国立大学の種別化を強行し、さらに文系・社会系分野の縮小を迫っている。その背景には財界の要請に迎合しつつ、安上がりで済ませる高等教育政策があるのだが、それを貫徹するために大学の従順度を数値化しているといわれている。とすれば、国旗掲揚・国歌斉唱がカウントされることになるのは確実で、こうして大学は厭々ながら金のために屈するだろうと文科省は高を括っているのだろう。

「国の税金で賄われている大学」は「お国のための大学」への殺し文句なのである。

（中日新聞　二〇一五年七月一日）

小選挙区制の大きな弊害

安倍首相が大げさにも「平和安全保障関連法」と呼ぶ、集団的自衛権の行使を具体化する法案が衆議院で強行採決され、参議院を舞台にして最後の攻防に入っている（九月一九日に再び強行採決された）。安倍首相がいくら、「戦争に巻き込まれるということは絶対にないということは断言したい」とか、「徴兵制が敷かれることは断じてないと明快に申し上げておきたい」とか、「専守防衛が基本であることにいささかの変更もない」と力説しても、いったん法律が成立してしまえば、「情勢が変わった」の一言でこれらの言葉が反故（ほご）になってしまうのは明らかである。自民党麻生副総裁が「ワイマール憲法を変えてしまったようにこっそりとやればよい」と言ったそうだが、その狙いとは裏腹に若者もこの法案反対に立ち上がり、国を挙げてのせめぎ合いになった。まさに国の将来を決しかねない重大局面を迎えたのだった。

そのような熱のこもった政治情勢なのだが、この段階になっても最大会派である自民党の議員たちの多くが、国民世論に背を向けたまま唯々諾々として執行部の意向に従い、翼賛議員よろしくこの悪法成立に手を貸そうとしていることに怒りを禁じ得ない。これらの議員たちは、本当に国政を担当する力量や能力を持ち合わせているのだろうか。何の反省も恥ずかしさも感じることなく平気で「八紘一宇」という言葉を使う議員がいたが、日本の政治家は戦前の愚を再び繰り返していることすら気づいていないのではないかと思わざるを得ない。

なぜ政治家がこうまで小粒になってしまったのかを考えてみれば、やはり小選挙区制の弊害というのが一つの解答だろう。小選挙区制を採用すれば二大政党制が実現して政権交代が可能になるというのが売り言葉であったが、実際に生じている状況は当初から心配された通り、少ない得票率でも相対多数であれば当選するため莫大な死票がでてしまうことである。実際、二〇一四年一二月に行われた衆議院選挙では、投票率五一%、得票率三三%だから、有権者比率で一七%でしかない自民党が圧勝するという結果になり、この選挙制度の欠点が露わに出ることになった。

さらに致命的な点は、特に小選挙区制では党の公認を得なければ当選が覚束ないから、自分の政治信念や主張を持たず、政党本部の意向に従順な人間ばかりが候補者となっていることだ。そして議員になるとひたすら本部役員の陣笠でしかなくなり、政治信条の欠片も持たなくなってしまう。つまり、小選挙区制がまともな政治家を失わせ、政治屋ばかりにしてしまうよう作用しているのだ。

また小選挙区制を勝ち抜くためには、選挙区内の後援会のような支持組織（地盤）と知名度（看板）と集金力（鞄）という三バンを持つ二世、三世を、凡庸であるとわかっていても手っ取り早く擁立することになる。そうすれば得票率は少なくても後援会の組織票だけで選挙レースを勝ち抜けるというわけだ。そんな選挙だから有権者もあきれ、投票率は下がる一方である。それがまた組織票に有利に働き、ますます投票率が下がるという悪循環になっているのが現状だろう。

とはいえ、安保法制にこれだけ多くの反対世論と疑問が出されたのだから、曲がりなりにも国会議員としてどう考えているかを明確に表明する義務がある。この段においても黙って国会の大勢に従うという態度は許されないのではないだろうか。

（中日新聞　二〇一五年八月五日）

後日談：政治の劣化は、まず政治家の資質の低下に表れていて、大政翼賛の議員ばかりになっているが、官僚の保守化、地方自治体の事なかれ主義、マスコミの自主規制というふうに連鎖的に拡大して、民主主義の危機を招いている。このままでいけば、早晩に全体主義国家になってしまうのではないだろうか。

監視か防犯か

いかなる科学・技術の成果も人間にとってプラスの役割もすればマイナスの役割もすることはこれまで何度も言ってきた。最近よく使われるようになった言葉を使えばデュアルユース（＝両義性）で、元々はいかなる物でも軍事目的にも民生目的にも使えるということを意味した。それ以外でも、ひとつの役割で役に立っているかのように見える物でも、見る角度を変えてみれば、マイナスの評価となることも多くある。これもデュアルユースと言うべきだろう。

今、街角やコンビニやエレベーターなど、あらゆる場所に人々を監視するカメラが設置されており、視野に入ってくる像を四六時中記録している。私たちは街角からカメラがいつでも見ていてくれるから大丈夫、というような気持になって「防犯カメラ」と呼び根拠のない安心感を得ている。コンビニではカメラが見張っているぞという心理的圧力が抑止力になって万引できないだろうと期待されて、やはり「防犯カメラ」と呼ぶのが普通のようだ。しかし、よくよく考えてみると、これらのカメラは人々の動向を監視しているだけで、果たして本当に防犯の役に立っているかどうかは不明である。だから「監視カメラ」と呼ぶのがその機能を正確に表していて正しい表現なのだ。

ところが、「監視カメラ」では私たちの一挙一動が見詰められているという不気味なニュアンスになるのでこの呼び方を敬遠し、犯罪を防ぐという積極的な意味を付与して正義のための「防犯カメラ」と言い換えるようになっている。実際のところは、カメラそのものの機能は「監視」でしかなく、その結果として「防犯」に役立つ（かもしれない）と期待しているだけであることが忘れられているのである。事実、カメラが集積したデータは、何らかの犯罪があったときにもっぱら警察が犯人の情報を得るために使っており、私たちの日常生活の防犯に特に役立っているわけではないことに留意すべきだろう。

寝屋川の二人の中学生殺人事件が起こって一ヶ月余り経ったが、容疑者が黙秘を続けているため、警察は監視カメラのデータをつなぎ合わせてストーリーを組み立てているようである。私たちも監視カメラで得られた同じ図柄をテレビで何度も見させられているうちに、アナウンサーが語る物語、つまり警察発表のストーリーを信じるようになっている。おそらく警察はもっと多数のデータを得ているはずなのだが、公開しているのは警察として描く犯罪の図柄に合うものだけだろう。こうして私たちは知らず知らずのうちに警察が描くシナリオに乗せられていくのである。監視データという客観的映像があるということで、警察発表のストーリーそのものにも客観性があるかのように錯覚させられるからだ。

ロンドンでは通りの至る所に監視カメラを設置して世界一安全な都市になることを目指したのだが、それによって都市犯罪が減少したわけではないという。犯罪はカメラの目が届かない場所で行われるためで、特段にカメラが防犯の役割を果たしたわけではないことを示している。今は、もっぱらテロリストと目される人物の監視に役立てられているらしい。まさに人間管理のための監視カメラとなっているのだ。

ジョージ・オーウェルの『一九八四年』は監視社会の恐怖を描いた名作だが、街角の「監視カメラ」を見るたびにそれを思い出すのは私だけなのだろうか。

（中日新聞　二〇一五年九月一六日）

軍事研究に群がる研究者

いよいよ防衛省が研究者を軍事研究に誘い込む作戦を実行し始めた。二〇一五年度から発足した「安全保障技術研究推進制度」と名付けた、防衛省が公募したテーマに応じて大学や研究機関の研究者が応募し、採択されれば軍事利用のための技術開発の資金を得ることができる競争的資金制度で、さる九月二五日に採択課題が発表された。従来から防衛省技術研究本部（二〇一五年一〇月より新設された防衛装備庁の部局になった）と大学や公的研究機関との間で技術情報の交換を目的とした「国内技術交流事業」が行われており、実質的な軍学共同は進みつつあった。しかし、少なくともこの事業は組織間の技術ノウハウの交換であって予算の裏付けはなかったのだが、ついに研究費（総額三億円）を支給して軍事利用目的の技術開発を大学・研究機関・企業の研究者に委託する制度が開始されたのである。

防衛省は、この制度では国の防衛、災害派遣、国際平和協力活動への活用を想定していると言うのだが、公募要領に記載された研究テーマとして①既存の防衛装備能力を飛躍的に向上させる技術、②新しい概念の防衛装備の創製につながるような革新的な技術、③注目されている先端技術の防衛分野への適用技術と書いているように、軍事利用目的が第一であることは明らかである。そして公募した二八件の研究テーマとして、マッハ五以上の極超音速が可能なエンジンの開発、昆虫あるいは小鳥サイズの小型飛行体の開発、水中移動体との通信実現、無人車両の運用制御など、どのような軍事的応用を目指しているかがすぐに想像できるものばかりである。

実は、この制度への応募状況について、共同通信がアンケート調査した結果で目についたのが、「大学として兵器・軍事技術に関する研究を行なわないとの基本理念があるが、今回の募集は直接の（あるいは、明らかな）軍事利用目的ではないと判断した」と言明する大学が二校もあったことである。いかなる軍隊も、またいかなる戦争も「防衛のため」と称して開始するものであり、ましてや防衛技術開発の公募要領に「直接の（明らかな）」軍事日的を明示することはないのが当然である。また「攻撃目的ではなく防衛目的だから軍事研究ではない」と強弁する大学もあり、攻撃と防御は一体であると考えないのだろうかと、苦笑してしまった。このように言い訳がましく述べるのは、やはり軍学共同に後ろめたさを感じているためだろう。他大学の動向を見て判断しようと、今回は様子見で応募しなかった大学が多くあったのではないかと想像している。

しかし、応募総数は一〇九件（採択は九件）で、大学関係から五八件（採択四件）、公的研究機関から二二件（採択は研究開発法人の三件）、企業から二九件（採択二件）となっている。実に競争率が一〇倍を越えており、研究費不足に悩む大学や研究開発法人では、やはり背に腹はかえられないのだろう。しかし、いったん軍事研究に関与し始めると、やがて秘密研究に引き込まれて歯止めが効かなくなり、戦争に協力する研究に堕落していくことは目に見えている。

研究者は「誰のための、何のための研究」であるかを厳しく問い直すことが求められているといえるだろう。

（中日新聞　二〇一五年一〇月一四日）

悪貨は良貨を駆逐する

額面は同じだが、金の量が多く銀が少ない金貨と銀が多く金が少ない金貨が同時に流通した場合、当然人びとは金の量が多い金貨（良貨）は手元にとっておいて、日々の支払いには銀の量が多い金貨（悪貨）を使うようになる。金額による支払いのような実用価値はどちらも同じなのだが、含まれる金の量が多い方が実質価値が高い。このような場合、人々はいざというときのために高い実質価値を持つ良貨を持っておきたいから、実際の売買で使われるのは悪貨ばかりになってしまう。これを手短に「悪貨は良貨を駆逐する」と言い、一五六〇年にイギリスのグレシャムが言い出したことになっている。実は、かの地球中心の宇宙から太陽中心の宇宙へと大転換させたコペルニクスが、もっと以前の著書にこのことを書いているから「コペルニクスの法則」と呼ぶべきであった。しかし、理系分野に疎（うと）い後世の経済学者は科学者であるコペルニクスの著作には気づかなかったのだろう。

日本でも金の含有量の多い慶長小判から銀の含有量を増やした元禄小判に改鋳した結果、やはり元禄小判のみが流通して慶長小判は死蔵されてしまったそうだ。その結果引き起こされたのは悪性インフレであった。売り手は同じ商品を同じ価格で売っても質の悪い金貨しか手に入らないのだから、値段を上げて質の良い金貨分の価値を得ようとするのが当然であるからだ。

現在では、貨幣そのものに実質価値がなくなったので、この経済法則は異なった意味に転用されるようになった。『広辞苑』にあるように「悪人のはびこる世の中では善人は不遇である」という意味に使われたり、あるいはじっくり時間をかけて磨き上げられた「良質な文化が安直で手軽でポップな文化に乗っ取られる」という現象を指したりすることもある。さらに私は、今経済の世界で生じているさまざまな不祥事はこの法則の展開形なのではないかと思っている。近視眼的な実用価値を追求するばかりに、長期的な観点からの実質価値を無視するようになっているからだ。経済競争が激しくなると、いっそう「悪製品が良製品を駆逐する」という状況になっていくのではないだろうか。

フォルクスワーゲンが排ガス規制を逃れるために検出装置に不正ソフトを搭載していた手法は、最初は時間稼ぎの苦肉の策であったのだろう。ところが、それが安くつくことで定着してしまい、本当に燃費のよいディーゼル車の開発に向かわないまま放置した結果、倒産の憂き目すら囁かれる事態を招いてしまった。マンションの建設競争で少しでも完成時期を早くしようと、杭が地中の岩盤に到達していることを確かめないまま工事を強行してしまった。地震の揺れを緩和するための防震ゴム装置のデータ偽装も同類である。いずれも消費者は外見だけでは悪製品と良製品とを見分けられずメーカーを信用するしかないが、それが揺らいでいるのだ。互いの信頼関係で成り立っている商慣行が根本的に疑われる深刻な状況と言えよう。つまり、「今さえ儲かればよい、後は野となれ山となれ」の風潮が強まっていることを表わしており、原発再稼働もそのような発想で強行されていることは確かだろう。

この状況は資本主義社会が末期的症状を呈していることを示している。現代は、あらゆる面で倫理的思考と事実の検証が求められている時代と言えるのではないだろうか。

（中日新聞　二〇一六年三月一六日）

科学における日本の地位の低下

最近の国際的学術雑誌に発表された自然科学の研究論文数、および注目度が高い論文の引用数ランキング調査において、日本の地位低下が著しいことが指摘されている。

果たして、世界各国の科学の実力を測るのにそのような指標が適当なのかどうか意見が分かれるかもしれないが、少なくとも科学研究の活性度を探るためには、成果として発表され世界の研究者が読めるよう欧文で書かれた論文の数で「量」を測り、その論文の引用数で「質」を見積もるしか方法がない。論文数によってどれだけ多くの研究者が活発に成果を公表しているかがわかるし、それらの論文内容が他の研究者によって引用されたり発明・発見の意義が紹介されたりする回数によって、どれほど多くの研究者仲間に刺激を与えたかがわかるからだ。といっても、論文の内容によって引用数が短期間に爆発的に増えるが、すぐに引用されなくなる場合もあるし（ベストセラーに似ている）、引用数はそう多くないけれど長年の間一定数必ず引用され続ける場合もある（ロングセラーに似ている）。それらも含め、多数の論文の統計をとってそれぞれの国の科学のレベルを推定するのにはそれなりの意味があるといえる。特に、時間系列で見れば各国の科学・技術政策が研究者の活性度に反映していることもわかるというものである。

日本は、一九九〇年代以来、論文数はアメリカに次ぐ世界第二位の地位にあったが、二〇一〇年を過ぎると中国がのし上がって日本を追い抜いてしまった。中国は着々と「量」として科学大国の道を歩んでいるのである。国家主導で科学・技術振興政策を掲げ、外国に行っていた研究者を高給で呼び戻して若者を教育するという方策を採用して、科学の基層力を高める効果が表れていると言える。そして「質」を測る引用数が多い上位一〇%の国別論文数を見ても、二〇年前はランキングのベストテンにも入ってなかった中国なのだが、一〇年前には第八位に顔を出し、二〇一一〜一三年のランキングではついに第二位に躍り出ているのである。それに対比して、日本は二〇年前にはアメリカ、イギリスに次いで第三位にあったのだが、十年前にはドイツに抜かれて四位に落ち、二〇一一〜一三年には中国、フランスに抜かれて六位にまで転落してしまった。明らかに中国は上り坂であるのに対し、日本は下り坂にあるのだ。この彼我の差はどこから来ているのだろうか。

日本の論文数が減っているわけではなくほぼ一定であるのに対し、アメリカや中国が増加していることが論文数調査で判明している。日本は科学技術創造立国などと称して予算を回しているつもりかもしれないが、発表論文数という成果の「量」についてはそれが功を奏していない可能性があるのだ。さらに、引用数で判断される論文の「質」について言えば、明らかに低下しており、諸外国に後れをとっていることは否定できない。日本は科学技術の成果レースで落ちこぼれつつあるのだ。

この深刻な状況の主たる原因は、経常研究費を大幅に削って研究者の競争を煽るという「選択と集中」政策にあると思っている。論文は書くが、数を稼ぐだけで安直な内容のものが多く、じっくりと時間をかけて考え入念な実験を繰り返す研究が少なくなっていると考えられる。そんな悠長なことをしていては競争的資金が獲得できないのが日本の実情であるのだ。

競争を煽る研究費を出しさえすれば成果が上がると思うのは大間違いで、やはり経常研究費がちゃんと保証されていて研究資金について悩むことなく研究に打ち込める環境こそ研究者にとって重要なのである。そんな単純なことが理解できず、研究者の尻を叩くことしか知らない為政者はいっそう競争を煽るだけなのだろうかと思うと、いささか絶望的である。

（書き下ろし）

SSH科学フェスティバル

二〇一五年の一〇月の最終土曜日、友人に誘われて「まほろば・けいはんなSSHサイエンスフェスティバル」のポスターセッションを見に行った。

SSH（スーパー・サイエンス・ハイスクール）とは、文科省が二〇〇二年から理科嫌い対策として打ち出した制度で、未来の科学・技術系の人材育成につながることを目指して、学校が提案した学習指導要領によらない独自のカリキュラムによる授業を実践するとともに、高校と大学との連携、地域が抱える課題の研究、国際的な科学技術コンテストへの参加、などに取り組む高校を指定して特別の予算措置をしているものである。一校当たり一年に一〇〇〇万円程度の予算、原則として五年継続で（期間が終了しても新たに応募できる）、今年度は全国で累計二〇三校指定されており、高等学校の総数は五〇四四校あるからその二五分の一で言わばエリート校と言える。

この「まほろば・けいはんなSSHサイエンスフェスティバル」は、SSHの人材育成重点枠の中核拠点となっている奈良県立奈良高校が、地域の小中高との連携を奈良県全体に拡充した「奈良県・サイエンススクール・ネットワーク」を構築し、県全体の理数系探究活動をネットワークで結び、その活性化を図るという研究開発課題の実践活動の一つとして実施したものである。ＳＳＨに指定されている奈良県五つの高校と京都府の二つの高校とともに、奈良から二校と京都から二校の理科クラブも参加し、それぞれの研究成果のポスター発表が全部で三九件もあってなかなか壮観であった。中高一貫の高校では中学生も研究活動に参加しており、科学の広がりをも感じることができた。

印象が深かった発表は、琵琶湖、巨椋池（おぐらいけ）、京伏見、木津川市、大和川、大和郡山（やまとこおりやま）など特定の地域名が付いたり、学校内の植物や地下探査のような、自分の足元に科学の題材を求める活動であった。それらは地域独特の特殊な現象のように見えるけれど、それを突き詰めることによって普遍的な事象につながっていくことが期待できる。まさに寺田寅彦が実践した科学の発見過程を学ぶ機会となっていけば最高である。

また、今問題となっているネオニコチノイド系農薬が近くの河川にどれだけ含まれ、それは季節ごとにどう変化しているかを調査する研究も印象的であった。この地道な調査が何年にもわたって代々の学生に引き継がれ、データが蓄積されていけば環境指標として非常に重要となるだろう。もしこのような調査が日本全体で一斉に行われれば、この農薬のミツバチや人間に対する悪影響も炙（あぶ）り出されるかもしれない。それをＳＳＨの全国的課題として取り上げたらどうだろうか。具体的にはＳＳＨの全国的な発表会の機会に、このような観点から共通セッションを企画するのだ。学生たちはローカルな課題がグローバルな課題と結びついていくことを実感することだろう。
ともあれ、ＳＳＨ制度ができてから一三年が過ぎた。この制度が理科嫌い克服にどのような効果を持ってきたか、そして五年継続でよいのか、予算執行の自由度はあるのか、理科の教員配置は十分か、などもきめ細かく検証すべき時期だろう。果たして、高校時代から科学に特化させてしまうのがよいのかどうかも考える必要もある。受験の問題があって理科嫌いは一朝一夕で解決しないし、理科だけを特別視するのもどうかと思われるからだ。

（中日新聞　二〇一五年一一月一八日）

世界標準と日本の独自性

「普通」の国として一般に世界が採用している標準を採用するか、日本は「特別」な国として敢えて世界とは異なった独自の道を歩むか、の二者選択をしなければならない事柄が多くある。前者として、男女共同参画や誰でもが教育を受けられる条件など、人々の民主的な権利や基本的人権の範囲を拡大していくような問題があてはまるだろうし、後者として、日本が無謀な戦争の歴史から学んで採用した日本国憲法の平和主義に関わる問題があてはまるだろう。私たちは、何を世界標準に合わせて改革し、何を日本として誇るべき歴史的教訓として維持するか、を常に考え改革することが求められている。

ところが、安易に国際比較を持ち出して日本は遅れていると非難して改革を急かしたり、反対に国際的にはもはや撤退が当たり前であるにもかかわらず日本だけが固執して世界から取り残されていることがある。それらを一つ一つリストアップし、実際にはどうあるのが望ましいかを点検する必要があるのではないだろうか。

今年最大の問題となった安全保障関連法（いわゆる戦争法）は、まさにこの二択問題であったと言える。安倍首相は、ＮＡＴＯなどアメリカと同盟関係にある国は集団的自衛権を行使してアメリカが仕掛ける戦争に参戦するのが世界の常識だと思い込んでいるのに対し、私も含め多くの国民は、武力行使を禁じた日本国憲法を遵守（じゅんしゅ）していかなる紛争も交渉と話し合いで解決すべきとする日本独自路線を採るべきと考えているからだ。現在は、多くの国々において世界の憲兵としてのアメリカが武力で紛争を制圧するのが当然であるかのように見なされているが、できることなら日本が宣言したようにあらゆる武力の放棄によって世界の平和が達成できれば最善と誰もが考えているのではないだろうか。私は、たとえ世界で少数であっても、この理想を実現するために尽くすことが重要だと思っている。また、世界では科学者が軍事研究に従うのが当然とされているが、日本では戦争のための研究には従わないと誓ってきた。これも戦争に関わる世界と日本の態度の齟齬（そご）であり、平和路線を守ることこそ科学者の責務ではないだろうか。

逆に、世界の趨勢に合わせるべき課題として核燃料サイクル問題を取り上げてみよう。高速増殖炉「もんじゅ」に対する原子力規制委員会からの度重なる勧告にもかかわらず、一向に改善される方向が見えない。実際、これまでに約一兆円、今でも一年に二〇〇億円もかけているが、一九九五年のナトリウム漏れ事故以来、止まったままなのだ。また、再処理工場もトラブル続きで延期が二二回も相次いでおり、当初七六〇〇億円であった建設費は約三兆円に膨らんでいる。二〇一七年三月に本格運転を予定しているが、これも確かとは言えない。どちらも先行きが見えないのだ。

　この高速増殖炉と再処理工場をセットにした核燃料サイクルを実施している国はほとんどなく、今や世界では取り止めるのが大勢となっている。一〇〇年も持たない原発のための投資として過大過ぎるからだ。しかし、日本は依然として核燃料サイクル路線を中止しようとしない。核兵器開発の魂胆（こんたん）もあり、一度始まった国策は止まらないというのが実情なのだろう。

　以上が一例だが、世界標準と日本の独自性に関わる問題を厳しく点検する必要があるのでは、と思っている。

（中日新聞　二〇一五年一二月一日）

後日談：「もんじゅ」の開発を中止することは決まったが、代わりの高速炉建設を持ち出しているように、核燃料サイクル路線まで中止したわけではない。やはり自民党筋は核兵器開発の意向を持ち続けたいのだろうか。

「軽減」税率の正しい意味

二〇一七年四月から、消費税の八%から一〇%への引き上げが予定されていたが、世界経済の不調を口実にして（実際は、いわゆるアベノミクスの不調なのだが）延期されることになった。この消費税の議論において、生活必需品などの「軽減」税率をどの品目にまで適用するかについて、自民党と公明党の「対立」があった。それに乗せられてマスコミは、もっぱら生鮮食品と加工食品の区別はどうなるとか、持ち帰り分とその場の消費分の切り分けはどうするとか、などの細々とした税率論議ばかりに焦点を当てて報道しており、結局政府が企んだ操作にうまうまと乗せられて、重要な問題がすっかり吹き飛んでしまったと言わざるを得ない。

消費税の「軽減」税率論議で政府が企んだ操作の一つは、まさに「軽減」という言葉を意識的に間違って使っていたことである。というのは、まだ増税となっていない現時点においては、今後の税率についての議論は現行の八%を基準とすべきだから、八%のまま「据え置き」にするか、一〇％に「増税」にするかであって、「軽減」なら八％以下にするかどうかの議論とならねばならないはずである。ところが、今までなされてきた「軽減」は、消費税が既に一〇％となったとして、生鮮食品のどの範囲の製品に二％の増税を課さず「据え置き」にするかどうかなのである。八％のままなら言葉の正しい意味で「据え置き」でしかないのに、恩着せがましく「軽減」と呼んだのだ。

たとえば電車の運賃値上げで、近距離は影響が大きいので値上げせず、遠距離のみを値上げするとした場合、近距離の運賃を「据え置き」とは言っても「軽減」と決して言わないだろう。それを考えれば、この言葉の使い方の巧妙さがわかろうというものだ。政府は「軽減」を使うことで、いかにも税を軽くしてやるかのような印象を与え、増税感を和らげようとしたのである。マスコミがそれを知っていながら乗せられたのは、新聞の消費税が「軽減」される雲行きであったためではないかと勘ぐっている。

実は、財務省の「法人税率の推移」という資料を見ると、中小法人への「軽減」税率の特例として、現在の法人への基本税率に対してどれくらい税率を下げて徴収するかが示されている。これが「軽減」税率という言葉の本来の使い方で、当然財務省はそれをよく知っていたことがわかる。にもかかわらず「軽減」との呼び方を放置したのは、財務省にとってその方が都合がよかったために違いない。

「国民総背番号」と言えば国家に管理されるかのようで拒否感が強くなるので、「マイナンバー」と呼んで飲み込みやすくするのも同じ手口だろう。「積極的平和主義」と称して「特定秘密保護法」や「平和安全法制」を成立させてきた安倍首相は、特にこのような言葉の言い換えで真実を隠す手法に長けていると言える。

もう一つ、「軽減」税率論議で政府が企らんだ操作は、私たちにあたかも消費税増税は既定路線であって、税率の適用範囲をどうするか以外、もはや議論の余地はないと思い込ませようとしたことだろう。元々、消費税の一〇％への引き上げは二〇一五年一〇月に予定されていたけれど、二〇一四年四月の八％への引き上げ効果で景気が低迷したことを理由に延期したのであった。つまり、経済状況の雲行き次第で消費税の引き上げ日程は変わり得るのである。そして、まさしく二度目の延期になった。あえて自民党と公明党が「軽減」税率を巡っての「対立」を演じたのもこのためではないか、と私は疑っている。

（中日新聞　二〇一六年一月六日）

「一億総活躍」への違和感

安倍首相の肝いりで、「一億総活躍」というキャッチフレーズが踊り、担当大臣が決まり、予算までつけて盛り上げる算段のようである。しかし、私は、その言葉を聞くとなんだか気持ちが悪くなり、そっぽを向きたいという気になってしまう。日本には、一億の人々が別々の意志を持ち、それぞれ異なった意見を持っているにもかかわらず、みんながこぞって協調行動をとることが求められ、それこそが日本を元気にするのだと押しつけられているかのように感じられるからだ。

そう言えば、日本帝国がアジア太平洋戦争前および戦争中に、夥(おびただ)しい数の国策スローガン（標語）を作り、人々の内面から生活全般に至るまでを監視する役を果たしたのだが、そのスローガンに「一億」という言葉が頻繁に使われたのであった。「一億」からはみ出て自己主張をする者、つまりその標語に従わない者は非国民とされ、情報ルートから排除されて村八分になってしまうから同調せざるを得なかった。これと同じで、今使われている「一億」という言葉にも、一糸乱れずとか、心を一つにしてとかの意味が暗黙のうちに仮定されており、国民を一色に染め上げて国家統合し、有無を言わせず戦争体制に同化させるという意図が込められているのでは、と邪推している。

そう思って、『帝国ニッポン標語集』（森川方達著、現代書館）で戦前・戦時中に流布した国策標語を調べてみたら、なんと一〇〇以上もの標語に「一億」という言葉が使われているのである。

戦争を遂行するには、そっぽを向く人間を許さず、すべての人間の気持ちを統合して国家や軍に協力させなければならないから、「一億日本　心の動員」とか、「一億　国と行く心」とか、「一億が　心一つに　道一つ」と心の持ち方が強調される。まず、人心を掌握しようというわけだ。

むろん、心だけでは戦争は遂行できず、国民から軍費を収奪する必要があり、「一億揃って正しい申告」、「聖恩に　一億感謝の納税日」、「一億に代わって敵撃つ郵便貯金」と、お国のためになけなしの金を供出するように強要する。税金を収めるのも天皇のおかげだと感謝して、ごまかさず、軍の装備のために正直に納税しようと呼びかけているのだ。

やがて、物資が欠乏してくると国民をふるい立たせるのに精神力に頼らざるを得なくなり、「進め一億火の玉だ」、「一億一心総動員」、「一億が　この日に奮起　また奮起」と、もっぱら総動員の号令で鼓舞するのみになってしまう。また、大本営発表によれば連戦連勝のはずの日本軍だが、実際には戦況が好ましくないという軍事情勢は薄々わかるもので、「一億が　胸に靖国背に御国」、「一億が　肩に傷兵　手に遺族」、「撃滅へ　一億怒涛の体当たり」と、諦めが混じり、死を覚悟した特攻隊のような標語になっていくのである。

しかし、「大日本　一億にして　一家族」で、あくまで「一億」は運命共同体でなければならない。そうして敗戦を迎えたのだが、誰が戦争責任を負うかをウヤムヤにしたまま、「一億総懺悔」ということになってしまった。

こうして標語を並べて見ると、時代とともに「一億」に続く言葉は変化しているのだが、それに込められた「みんな一緒に」という意味は共通しているのがわかる。「一億総活躍」に同じ匂いが嗅ぎ取れるのではないだろうか。私たちは、使われる言葉に敏感にならねばならないと思う。

（中日新聞　二〇一六年二月一〇日）

Ⅲ

科学の今を考える

科学の二面性

北朝鮮が人工衛星を打ち上げるという発表をしたのに対し、日本ではもっぱらミサイル発射だとして迎撃ミサイルのＰＡＣ３を沖縄に配備して待ち構えることになった。結局、北朝鮮はロケット発射に成功せず打ち上げに失敗したが、この事件は科学の二面性を如実に表していると言えそうである。同じロケットでも、科学研究のための人工衛星にも、敵を攻撃するミサイルにも使えるからだ。すべての物事には、裏と表、プラスとマイナス、光と影という二面性があるが、科学も例外ではない。この二面性をどう考えるか、どのように対応すべきか、科学・技術の時代を生きる私たちの生き様を検証してみる必要があるといえる。

軍事利用と民生利用

ロケットは、高空に物体を持ち上げる手段で、当然平和目的の人工衛星も爆弾を積んだミサイルも同じ様に打ち上げることができる。このように科学の成果は価値中立であり、その使い方次第で軍事利用にも民生利用にも使えることは自明のことである。そう言えば、コンピューターもインターネットも軍事目的のために開発され、それが民生用に開放されて広く行き渡ったのであった。それらだけではなく、戦争のために作られたさまざまな製品がスピンオフして人々の生活に役立ったものは多くある。そのために、「戦争は発明の母」と言う人もいる。科学の二面性の第一は、いかなる科学の所産であっても、人を殺すための用具となることもあれば、人々の生活や生産力を上げるのに役立つこともあるということだ。

軍事研究から派生した技術はゴマンとあり、それらが多くの面に役立っているのは事実だが、それを言い立てることは正しいことなのだろうか。確かに、軍事研究では資金や資材が自由に使えるから、思いがけない発明につながることがある。パラシュート用に高価な絹製品の代わりにナイロンを発明し、戦地でも食べられる冷凍食品を開発し、密林で虫除けのためのスプレーや軍隊の移動中でも書けるボールペンが考え出された。それらは民生用品となって多大な貢献をしたが、果たして最初から民生目的のために開発されていたらどうだろうか。戦争を目的とすると莫大な資金が技術開発に投じられるから成果が得られやすいのである。軍事研究は秘密にすることが求められ、経済性は求められない。そのため水増し請求や浪費や不正が当たり前になる。まったく無意味な開発研究にも金が投下され、闇に埋もれてしまったものも多くあるだろう。表に出てきた便利なものだけで評価してはいけないのである。

さらに軍事研究という名目でマル秘事項になることが多い。CCD（光信号を電気信号に変える固体撮像素子。デジタルカメラなどに使われた）はベトナム戦争のときにアメリカ軍が開発したのだが、アメリカではその後長く軍事優先でマル秘とされ、民間会社が関与することが許されなかった。その間隙を突いたのが日本で、マル秘がなかったがゆえに、民間の会社が競って新しい光電素子を開発して世界の覇権を握ったのだ。軍事研究は自由な競争を許さず、特許取得ができないという意味で、技術革新にはむしろマイナスの働きしかしないのである。

効用と弊害

科学の成果は人々の生活を安楽にし生産力を増強させるという効用があるが、その使い方次第で大きな災厄を招くこともある。あえて科学の二面性と言うまでもなく、効用と弊害は人々が日々直面している事柄である。車は人間や物資の輸送にこの上なく便利な乗り物であるが、交通事故による死者は一年で四〇〇〇人を超えている。薬は多くの病人を救ってはいるが、薬害や副作用で苦しめられている人も多い。新幹線は一編成で一〇〇〇人以上の乗客を運び効率的なのだが、ひとたび直下型の地震に見舞われると大災害になることは明らかである。それにもかかわらず、私たちは効用ばかりを高く評価して、弊害には目を閉じようとしている。これをどう考えればいいのだろうか。

「科学は私たちを本当に幸福にしてくれたのだろうか」と疑う人もいれば、「科学があってこそ私たちの生活が成り立っている」と満足している人もいる。どちらも科学の一面をつき、どちらも否定はできない。効用は多数の人間に等しく分配されるが、弊害は少数の人々に無慈悲に襲いかかってくることが多い。科学は多数派のものだけになっていいのだろうか。

この疑問は、科学の有り様に関する重大な疑問と考えるべきだと思っている。むろん、科学が多数の人間への利得とならねば存在価値はない。しかし、少数の人間を切り捨てることを科学の論理が内蔵しているとするなら、それは考え直さねばならないだろう。少数であれ、犠牲を許容する科学であってはいけないのだ。やはり、人体実験は許されないのである。

文化と経済

先の疑問と裏腹の関係なのだが、科学の効用をどこに求めるかについて文化と経済という科学の二面性も指摘しておきたい。

かつては「科学のための科学」であり、自然を哲学するのが科学者の役割であった。直接人間の利害にかかわらず、文化のための科学であったのだ。文化とは、人間の精神的活動の所産であり、芸術や芸能、歴史や哲学など、それ自身は現世の欲望に対して直接役に立つものではないが、人生を豊かにするもの、心の栄養になるもの、あって当然だが無くなれば寂しいもの、そんな「無用の用」として人々が慈しんだものである。科学もそうであったのだ。

しかし、科学の効用に気づき、科学を実生活に役立つもの、経済力を高めるのに寄与するもの、と見なされるようになっていった。物質的な側面での科学の果たす役割が強調される状況へと変化したのである。実際、個人の楽しみと思われていた科学研究が、生産過程や戦争に役立つことに注目され、一九世紀半ばから科学は国家の重要な一部門となっていった。国家が科学の最大のスポンサーになり、国策として科学の推進に乗り出したのである（科学の制度化）。日本において「科学技術立国」というキャッチフレーズが何度使われたことであろうか。

その趨勢（すうせい）はますます強まり、今や「科学がいかに経済に役に立つか」ばかりが強調されるようになってしまった。しかし、科学の出自は文化にあり、文化への寄与こそが科学の本来の役割であったことを忘れてはならない。

科学の二面性をじっくり吟味してみる必要がありそうである。

（三洋化成ニュース No.474　二〇一二年秋号）

科学者・技術者の社会的責任

「私は××のプロです」と言う人がいる。しかし、ほとんどの場合、ある分野の知識や経験が人より少しだけ豊富であることを述べているだけであって、「プロフェス」の語源通りの、神の前（プロ）で公正であることを宣言（フェス）したわけではない。プロフェスをした人間でなければ、プロフェッションではないのである。特に、人間の生と死や財産に関わる事柄を扱う医師・看護師・法律家や人間を育てるための教育を施す小中高の教員はプロフェッションとみなされ、国家が認定する免許を持たねばその仕事に就くことができない。科学者・技術者や大学の教師は免許を必要とはしないが、プロフェッション（専門職）であって一般のオキュペーション（職業）ではないことは自明であるだろう。以下では、プロフェッションの条件を列挙し、そこから帰納される科学者・技術者の社会的責任を検討してみたい。

プロフェッションの条件

プロフェッションとは、次のような条件を満たす人々のことをいう。

①専門性

当然のことだが、特別な専門的知識を有していなければならない。そのために教育や訓練における特別な制度が整備されていて数年間の養成（修業）期間を経なければならず、その期間を過ごす施設や環境の多くは国家の責任によって保証されている。例えば、現代の科学者・技術者は大学院で学ぶ数年間の期間が不可欠である。

②自治権

身につけた専門性を活かすために、ある種の独占的な権利（サービスの独占権）が保証されており、自らが決定したことに対して他の何者からも指図や干渉を受けないという自治権が付与されている。むろん、自分が属する組織との相克や矛盾が生じる場合があるが、基本的には自らの方針を貫くことは可能である。例えば、科学者は自分が自分の研究テーマを設定できるし、技術者は自分がした設計は尊重される。

③特別なモラルに従う

最終的には、その活動の結果によって影響を受けるのは一般公衆であり、一般公衆に対して科学者・技術者は信頼できる存在であるという暗黙の契約（協定）を結んでいる。その意味で、今や神の前ではなく一般公衆の前で公正であることを（暗黙のうちに）宣言（プロフェス）しているというべきだろう。科学や技術の所産を利用し、便益も弊害をも受けるのは一般公衆なのである。

このようなプロフェッション（専門職）の条件から、必然的にプロフェッションと社会の間に（やはり暗黙の）合意が交わされていることになる。その一つは「真実の習慣」で、プロフェッションは常に社会に対して真実を述べ、批判に対して開かれていなければならない。一般公衆はプロフェッションの意見を尊重するが、批判も加えることができるのだ。二つ目は「他への献身」で、プロフェッションは専門の知識を活かした活動に従事することが当然とみなされる。専門であるにもかかわらず、何も意見を言わないプロフェッションは社会から見捨てられるのだ。三つ目は「社会的地位」で、社会はプロフェッションに対し名誉ある地位と自由度を与えており、それによってプロフェッションの自治権が保証されている。それが公平・公正であるための基準として、それぞれの専門職（医師、看護師、法律家など）に応じた倫理規範が定められており、科学者・技術者もその例外ではない。

社会的責任

さらに、科学者・技術者には専門に閉じない、もっと幅広い意味での社会的責任が求められる。

なぜなら、科学者や技術者は自らが身につけた知識や経験を土台にして、専門外のことではあっても生じた問題の急所を見抜くことができ、それを社会に発信する力を備えているからである。福島の原発事故で言えば、私は原発についての専門家ではないが、炉心溶融が起こったであろうことを早くも二〇一一年三月一五日には断言することができた（東電は五月二〇日を過ぎてからようやく認めた）。一人前の科学者・技術者であれば、異なった分野であろうと事柄の基本的な仕組みや問題点を摑み取る訓練をしており、それに照らし合わせて異常な点を嗅ぎ取る嗅覚のようなものを持っているのである。

科学・技術が社会の枢要な部分に使われている現代であればこそ、そのような知識や経験を社会に生かすことが必要なのではないだろうか。科学・技術そのものは価値中立の要素が大きく、それを採用するかどうか、採用したときに生じる弊害をどう減らすかは、ひとえに社会の選択にかかっている。しかし、一般社会においては科学の二面性にまで考えが及ぶことが少なく、どのような選択をすればいいかに迷い、推進側（政府や企業）の宣伝に載せられてしまうことが多い。科学者・技術者は長所・短所を判断できる材料を提供して、社会が公正な選択ができるよう図るべき社会的責任があると思うのだ。

このような科学者・技術者の社会的責任を初めて提起したのはフランク報告であった。ノーベル賞学者であるジェームス・フランクは、原爆完成を前にした一九四五年六月に「原子エネルギーの政治的および社会的諸問題」委員会を立ち上げ、報告書をスチムソン長官に提出した。そこでは日本に対する原爆の使用が望ましくないことを繰り返し述べるとともに、「ある科学的な発見や発明が人類の利害にとって重大な関わりがあるとみなされるとき、それにいち早く気づいた科学者には、それを何らかの形で人々に知らせ、適切な方策を採るよう勧告する責任が生じる」と、科学者の社会的責任の中身について明確に論じている。また朝永振一郎は一九五九年の対談で、「いろいろな危険性を一番よく具体的に知っている科学者は、一般の人たちや政治家にそれをよく知らせる義務がある」と述べている。彼は「義務」という言葉まで使っているのである。

いずれも「勧告」や「知らせる」と言っているように、科学者・技術者が決定するのではなく、社会が採否を選択する上での情報を提供する役割を強調していることに留意すべきだろう。現代では科学者・技術者がいかにも世の中を動かしているように錯覚しているが、あくまで人々が社会の主人公であって、科学者・技術者は介添えに過ぎないのである。社会的責任とはそういうものなのだ。

しかし、現実には科学者・技術者が社会的責任を全うしているとは言い難い状況にある。例えば、御用学者として問題になった原子力ムラの研究者たちは、自分たちに対して少しでも批判的な意見であれば排除し、あるいは攻撃をかけてきた。あたかも自分たちが世の中を取り仕切っているかのようであった。私たちは、ついそのような威勢のいい意見に引っ張られがちになるが、異論を許さない研究者こそ信用できないという態度を貫徹することが大事だろう。

自分の限界を知った謙虚な科学者・技術者こそが、本当に信頼できるということを学ぶ必要があると思っている。

（三洋化成ニュース No.477　二〇一三年春号）

科学者・技術者の倫理規範

前回に科学者・技術者の社会的責任について述べたが、その前に個人としての倫理規範を確立しておかねばならない。今回は私が重要と考える倫理規範をまとめるが、実はこれらは科学者・技術者に限ったものではなく、いかなる専門職についても言えることである。その意味では「職業倫理規範」というべきかもしれない。そしてそれだけに止まらず、私たちは何らかの組織に属しており、必然的に組織との相克が生じることが多い。そのような場合、どう対処すべきなのだろうか。そう参考になるようなことは言えないが、それでも以下のことを心の片隅に留めておいていただければと思う。

個人の倫理規範

まずその第一は、専門家としての想像力を発揮すること。科学者・技術者は、常日頃から見えないところで何が起こっているかを想像し論理的に明らかにしようとしている。因果関係や全体のフローのことである。そして何か問題があれば、どこに原因があるかを考えて対処し、そこに問題がなければ、さらに次の箇所を当たってみる。それを繰り返しながら、見えない部分を見えるようにしている。それは専門家のみしかできないことであり、その想像力は対処している問題の限界やもたらすであろう悪影響や結果にまで及ぶ。つまり、科学者・技術者は前もって何がもたらされるかを予測する力を持っている存在といえるだろう。そのような想像力を持って常にコトに当たり、危険性があれば警告することが求められるのだ。

第二に、事実を公開すること。科学や技術に関わることとは、広い目で検証し、多様な考えが混じり合うことで、より豊かになる。そのためには、何が起こったか、どのように対処したか、今後どうなっていくか、それらの事実や予測を公開し広く議論する態度を堅持すべきである。公開の討論こそ科学の神髄であるからだ。縄張り意識とかメンツというような余分な心情が働いて、秘匿する、言わないでおくというふうになりがちだが、結局は公開する方が問題の解決には早道なのである。多くの人の目に曝すことによって、より正しい判断が得られるという確信を揺るがせてはならない。

第三に、科学者・技術者は真実に対して忠実（知的に誠実）でなければならないこと。科学的真実は一つであり、自分が間違う場合もある。間違ったとわかれば、潔く認めて改めることである。このことは科学・技術の現場において日々行っている（試行錯誤している）のだが、いざ人の前にできなくなることが多い。「君子は豹変し、小人は面を革む」という言葉がある。通常、「君子豹変」は意見を無責任にコロコロ変えるという悪い意味に解釈されているが、本当は「立派な人は自分の過ちを直ちに認めてすっぱりと意見を変え、碌でもない人は顔をしかめるだけだ」という意味であった。妥協や取引を許さず、知的に誠実であってこその科学者・技術者なのである。

これら三つの倫理規範（というほど大げさなものではないが）は、ごく当たり前のことばかりであり、人々がふつうに日常的に守っている規範なのだが、それを常に意識することが大切なのではないだろうか。実際に何らかの問題に直面したとき、自然に対応できるからである。

組織との相克

個人としての倫理規範を守っていても組織の判断と相克して悩む場合がある。一般に、組織は社会的信用や評判・経営への悪影響を気にして真実を出したがらないことが多く、個人が倫理規範通りに振る舞えないことがあるからだ。そのような場合には、どう対応すべきなのだろうか。

組織との相克について歴史的に有名な事件として、NASAのスペースシャトル・チャレンジャー号の爆発事故がある。ロケットの打ち上げを翌朝に控えた前夜、早朝の温度が下がるという気象予報が出た。ロケットの製造を請け負った企業の技術者たちは、低温では燃料タンクのOーリングが固化して燃料漏れを犯す危険性があることを知っており、打ち上げ延期を上司に具申した。その企業の夜の役員会において打ち上げを延期すべきかどうか問題になったとき、経営担当の重役はそれまで度々延期したこともあって打ち上げ強行を主張し、技術担当の重役は技術者の声を入れて打ち上げ反対で対立した。最後に社長が技術担当の重役に向かって、「君は技術者の帽子を脱いで、経営者の帽子を被りたまえ」と述べたことで、技術担当の重役はやむなく打ち上げに同意した。その結果、懸念した通り固化したOリングから燃料が漏れて爆発事故を起こしてしまった、という事件である。経営と技術が真っ向から矛盾したのだ。そして技術担当の重役が経営の側に立った結果の悲劇であった。

技術は関係者の願望と関わりなく冷徹な論理によって推移する。そのことを一番良く知っている技術担当の重役は、結果的にはあくまで打ち上げ延期を主張すべきであったとは言える。しかし、組織や経営のことを持ち出されると頑張りきれないことも理解できる。おそらくこのような相克はどこの会社にでも起こることだろう（例えば、開発した新薬に重大な副作用があることを知っていながら販売した薬品会社があった）。このような場合、クビを覚悟してあくまで技術的立場を優先するか、結局は組織の安泰を優先して妥協するか、技術者はジレンマに立たされることになる。

私の意見は（見当違いかもしれないが）、徹底して技術の立場を主張した上で、やむなく妥協せざるを得ないときは、「こんなことをやっていたら、会社のためにはなりませんよ」と言うしかないのではないか、というものだ。短期的な儲けを急ぐより、今は自重してちゃんとした技術を確立する方が長期的に見て会社の利益になると主張するのである。この発言ならクビになることはないだろうし、真に会社のことを思っての発言と受け取られるからだ。

しかし、いくら上司の命令であろうと、クビを覚悟で反対しなければならない場合もある。人の命がかかっており、不十分な技術のまま進めようとするために人を殺しかねない事態が予想されるときである。それがわかっていて許容するのなら殺人に手を貸したことになる。技術者失格なのだ。

技術の所産は直接人間と接することが多い。人を殺さないことを倫理規範に入れていないのは、それは人間としての当然の義務であるからだ。そこまでの想像力を持った技術者であって欲しいと思っている。

（三洋化成ニュースNo.478　二〇一三年初夏号）

複雑系の科学

要素還元主義の限界

現代の科学・技術は、基本的には要素還元主義の上に構築されている。要素還元主義とは、ある現象を見てその原因なり時間的推移なりを考えるとき、表面的に現れる物質のより根源にさかのぼったり、いくつかの基本要素に分解したりして問題を単純化すれば、より簡明な法則性が発見できるとする考え方である。例えば、遺伝という現象をＤＮＡレベルで解析して一元的に説明するとか、原子核を陽子と中性子の集合体として核反応現象を理解するというのが代表例だろう。これによって、因果関係が明白にわかり、部分（要素）の和が全体に等しいということが導かれる。デカルトが主張した科学方法論で、これまでの科学の主流であり、大きな成功を収めてきた。

しかし、一九六〇年代ころから、要素還元主義では解けない課題が数多く知られるようになった。というより、そのような課題があると以前からわかっていたのだが、還元すべき基本要素が何かわからなかったり、要素が多く複雑な関係（通常は非線形関係）で結ばれていたりして簡単に解けないため「複雑系」と呼んで手を付けずにきたのである。このような系では、一〇〇％の確実さで因果関係が明らかにならず、部分の和が全体になることもない（部分の和が全体以上になってしまう）。ところが、私たちの周辺で起こるマクロな現象はほとんどが複雑系であって、後回しにされ十分解明されてこなかったのだ。コンピューターの発達によってこのようなシステムも数値的に解けるようになり、複雑系の研究が科学の対象に入ってきたのである。

例として、気象（気候）現象を考えてみよう。お天気「情報」からもわかるように、三日以内ならばかなりの高確率で天気予報は的中している（とはいえ一〇〇％ではなく外れる場合もある）が、三日以上先になると確率は七〇％くらいに落ちて単なるお天気「情報」になってしまう。それは気象現象が複雑系であるためである。天気は、太陽からの日照量、日照を遮る雲の量、温室効果を示す空気中の水蒸気や二酸化炭素の量、微粒子（エアロゾル）の量、それらの空気中の分布、空気の流れ、地面や海洋での放射の吸収や放出など、多くの要素が絡んだ結果である。水蒸気が雲になり、雲から雨が降ったりするような要素間の相互転換もある。それら全体を考慮しなければならず、場所への依存性も考慮しなければならない。元々コンピューターの開発は天気を予測するために進められ、要素還元主義で完全に予測できると考えられていたのだが、とても手に負えるものではないことがわかってきたのだ。地球環境問題、生態系、地震、人体、経済活動など、多くが複雑系なのである。

複雑系の特異な振る舞い

複雑系には非線形関係が入ることによって、さまざまな特異な振る舞いをすることがわかってきた。

その一つが「カオス」である。気象現象は流体力学と要素間の反応の方程式によって記述されるから決定論である。しかし、非線形性のために解が不規則になってしまい、決まった振る舞いを示さなくなる。これをカオスという。さらに、反応の係数を少し変えるだけでまったく異なった様相を示すようになる。決定論であるにもかかわらず、解が不定になってしまうのだ。

二つ目が「自己組織化」である。砂を上から落としていくと砂山ができるが、やがて突然崩壊してまったく違った形の砂山になってしまう。それと同じで、ある限界点に達するとそれまでとは違った状態に大きく遷移してしまうことが起こるのだ。また「量から質への転化」が起こることもある。ある一定量以上のものが集まると、集団的作用によって異なった質の状態に変わってしまうのだ。地球が一気に寒冷化して凍り付くようなことが歴史的にたびたび起こってきたが、それは気象条件が新しい状態へ自己組織化したためと考えられている。

三つ目はいわゆる「バタフライ効果」である。バタフライ（チョウチョウ）が一舞いすると、非常に小さいけれど空気の乱れが発生する。通常は空気の粘性のためにすぐに消えてしまうが、周りの環境条件次第で乱れが大きく成長する場合もある。それがさらに大きな気流の流れへと発達して最後は台風になることも考えられなくもない（大げさなたとえだが）。人間の手ではコントロールできない小さな揺らぎや雑音が結果を左右してしまうのである。気象では小さな空気の乱れや低気圧があちこちにランダムに発生しており、それが竜巻になったり積乱雲に発達して豪雨をもたらしたりすることになる。といっても、すべての揺らぎまで計算し尽くすことができず、人為的に操作できないから、解を予測することが不可能になってしまうのだ。

そのほかにも、時間遅れの効果（しばらく時間が経ってから効果が現れる）、一つの物理量がプラスにもマイナスにも作用する（雲は太陽光を反射して地球への熱の流入を抑えるが、温室効果として地球から放出される熱を抱え込む）、周囲の状態を変化させて新たな現象を誘起する（いったん地震が起こると岩石の破壊が誘発され伝播する）など、一筋縄ではいかない効果が多く起こる。そのため因果関係が不明となったり、思いがけない不安定が励起されたりしてしまう。複雑系に関して不確実なことしか言えないゆえんである。

複雑系とどう付き合うか

不確実な科学知しか得られない場合であっても、私たちは何らかの対応をしなければならない。地球温暖化しかり、生態系の危機しかり、地震防災しかりである。そのようなときはもはや科学に頼ることができないのは自明のことである。このように科学に起因する事柄であっても科学では答えを出すことができない問題を「トランス・サイエンス問題」と呼ぶ。現在はトランス・サイエンス問題にあふれていると言える。

このような場合、私たちは科学以外の論理や考え方を持ち込んで対処するしかない。その一つは、予防措置原則である。「疑わしきは罰する」という原則で、危険性が指摘されるものには予防的観点を貫くことだ。もう一つは、少数者・弱者・被害者の立場でものを考えることではないか。それらを含め、科学・技術の時代を生き抜くための新しい知恵が求められているのである。

（三洋化成ニュース No.479　二〇一三年夏号）

トランス・サイエンス問題

前回の「複雑系の科学」でちょっと触れたが、今科学論や科学社会学で議論となっている「トランス・サイエンス問題」について、もう少し突っ込んで考えてみたい。「トランス」とは「越える」という意味だから、トランス・サイエンス問題とは「科学を越えた問題」のことで、「科学に関係があるけれど、科学のみによっては解決できない問題」と定義されている。実際には、複雑系のような現代科学では不確実なことしか言えない問題、確率はきっちり計算できても現実はどうなるかわからない問題、科学は参照事例としては役立つけれど実際の決定は他の要素を考えねばならない問題、反倫理性が根底にあるために科学のみに判断が委ねられない問題、などを挙げることができるだろう。それらの実例を見ながら、私たちはどう対応すべきかを考えてみよう。

複雑系に関わる科学においては、カオスや自己組織化という非線形システムに特有な現象が発生して、一〇〇パーセントの確率でもって結果を予測することができない問題が多くある。その例として、地球温暖化問題や生態系の危機、人体の微妙な反応や経済事象などがあり、どの状況を重視するかで結論が異なることは私たちがよく経験することである。このような場合には、まず私たちは不確実な科学があって明確な結論が出せない問題もあることを共通認識とする必要がある。性急に結論を急がないことが肝要だろう。簡単にシロかクロかの答を決めてしまうと思考停止に陥り、間違った論理のまま突っ走ることになりかねないのだ。そもそも、科学そのものが頼りにならないのである。

不確実な科学知しか得られず、しかし現実に対応しなければならない問題は、地震予知、破壊現象、微量放射線被曝問題、低周波電磁波公害など数多くある。その場合、私たちが採るべき考え方は「予防措置原則」ではないだろうか。「疑わしきは罰する」という建前で、危険性が警告されているなら、安全であると証明されるまでは採用しないとか、それが余り拡大しないよう予防的な観点でゆるゆる進め、実際に危険性が判明すれば直ちに中止するという考え方である。短期的な利益に惑わされずに禁止するか、進めるとしてもおそるおそる進めるので害悪があっても最小限に抑えられることになるからだ。

確率でしかわからない事象

昨年、私に脳梗塞の初期的症状が見つかり、今後の発病の確率を減らすために血管のバイパス手術を勧められた。この手術をしないと脳梗塞が再発する確率は二〇%で、手術をするとその確率は七分の一に減らせると医者から言われた。しかし、この手術が失敗する確率もあって、それも三%とされている。さて、私は手術を受けるべきなのか、止めた方がいいのだろうか。

ここで言われた確率は、これまでの多数の病例から求められたものだから、科学的には正しい。しかし、私にとっては手術が一〇〇%成功して脳梗塞になるのを防げなければ意味がないから、確率で言われても困ってしまう。現実に自分に起こるのは〇%か一〇〇%かのどちらかであり、どのように決断すべきか迷うだけであるからだ。地震も同じで、いつ、どこで、どれくらいの規模で起こるかを明確に予知することができず、確率で言われるのが普通である。しかし、私たちが現実に欲しいのは一〇〇%こうなるという地震情報であり、「X年以内にY%の確率」でしか言えない地震予測では頼りにならないのである。

このような場合には確率の大きさを勘案しつつ、問題に応じて今後の人生設計を家族との話し合いで決めたり、予防や防災・減災のための準備と心構えをしっかりしたり、というふうにいざという場合に備えて対応するしかない。いくら正確に確率で語られても、実際の選択は別の事柄から決めることになるのである。

参照事例にしかならない科学

イギリスの文明評論家のガレット・ハーディンが「共有地の悲劇」というエピソードを提示した。誰でもが使える共有地があれば、羊飼いは早い者勝ちで多くの羊を飼おうとするだろう。それは近場の儲けであり、個人の利益で合理的選択である。しかし、多くの羊飼いが我も我もと羊を飼い始めたら、すぐに共有地は荒れ果ててしまい使い物にならなくなってしまう。こうして起こる共有地の悲劇は、みんなが被る長期の損失となる。例えば、海という共有地での漁獲は（鯨（くじら）や鮪（まぐろ）以外では）早いもの勝ちになっているし、クルマの排ガスで大気という共有物を汚している。そのまま野放しであれば海や大気はいずれ荒れ果ててしまうのは明らかだろう。

では、共有地の悲劇を救う論理はあるだろうか。科学で可能なことは、その共有地が持続するために許される量（飼える羊の数、獲ってよい魚の数、排ガス量など）を参照事例として示すことができるだけであり、実際に効果があるのは協定や条約や公権力による制限だろう。科学以外の統治の論理が必要とされるのである。

反倫理性を内蔵する科学

原爆は人間を殺傷し建造物を破壊することのみを目的として開発された。それは最初から反倫理性を内蔵している科学の所産である。しかし、その破壊力の大きさが抑止力として買われ、全世界の人間を三回殺せる程も蓄積してしまった。原発は、過疎地への押し付け、作業員への放射線被曝の押し付け、未来世代への放射性廃棄物の押し付け、事故による放射能汚染の押し付け、と「押し付け」という言葉で表わされる反倫理性を内蔵している。とはいえ、エネルギー生産手段としての有効性が買われて日本で五四基、全世界で五〇〇基弱も建設されてきた。原爆も原発も始めから致命的な反倫理性を帯びていながら、それが持つ「科学的有効性」のためにかえって世界に広がってしまったのである。

では、これを否定する論理をどこに求めればいいのだろうか。それは、人間の生き方、平和の希求、世代間倫理、社会の規範など、哲学や思想や倫理の課題だろう。科学の観点だけからでは逆に有効性が買われて反倫理性を許容しかねず、科学を越えた観点を持ち込まねばならない。現代はそのような新しい人間哲学が求められているのである。

以上はトランス・サイエンス問題の典型だが、まだ他にも同種の問題はあると思われる。科学のみに頼るのは危険であることを重々心がけておかねばならない。

（三洋化成ニュース No.481　二〇一三年冬号）

科学の終焉

世紀末になると悲観主義が流行するのか、一九世紀末そして二〇世紀末のいずれにも「科学の終焉」が語られた。ところが中身を吟味してみると、この一〇〇年を隔てた二つの終焉論は本質的に異なったものであった。前者は「科学ですべてがわかった」と思い込んだ人間の傲慢さがこれを語らせ、後者は「科学は乗り越えられない壁に直面している」とする人間の限界がこれを呟かせたものであるからだ。同じように科学の終焉が語られながら、なぜこのような違いがあるのだろうか。それを比較対照することによって現代科学がどのような状態にあるかを考えてみよう。

一九世紀末の「科学の終焉」論

「理性の世紀」と呼ばれた一九世紀は、科学革命を先導した物理学のみならず化学・生物学・地質学など新しい科学の分野が拓かれ、それぞれ大きく発展する時代であった。物理学ではニュートン力学とマクスウェルの電磁気学が完成し、化学では元素の周期律が発見され物質の構造の規則性や反応性が明らかにされた。生物学ではダーウィンの進化論が提案されて、生物は固定した形で神が創造したものではなく、自然が生み出し長い時間をかけて進化する中で豊かになってきた存在だというふうに根本的に見方を変えることになった。地質学の研究でも長時間をかけてゆっくり変化する地球観が確立し、短時間で天地創造をした神の関与を否定したのである。これらの諸学の発展によって自然科学が確立したと同時に、熱機関・自動車・電気・染料・医薬品・鉱山・化学工業などさまざまな産業の発展に導いていった。科学の勃興が産業革命を背後から支えたのである。

それとともに、人間はすべての知識を手中にしたのではないかという科学者の傲慢さが首をもたげるようになった。実際、多くの難問が科学によって解決し、自然界の謎はすべて解けたと思うくらい、日常身辺の現象を説明することができたのである。ノーベル賞を受賞したマイケルソンは、「これからの物理学の真実は小数点の六桁目で探されることになろう」と述べた。「科学の終焉」が議論されたのである。

しかし、それは科学者がいわば「井の中の蛙」であったに過ぎなかったためである。科学の対象がマクロな物質に閉じており、扱っている速度や温度やエネルギーの範囲が極限に達していなかったため、通常のニュートン力学で解決できたのだ。とはいえ、物質が放つ線スペクトル（原子が放出する各原子特有の波長の光）や真空にした管に電圧を加えて発生する陰極線（マイナス極から出る未知のエネルギー流）など、説明できない現象も抱えていたが、いずれ既知の知識で解決できるだろうと楽観していたのだ。

その限界を知らされたのが一九世紀末に相次いで発見された未知のエネルギーのX線や放射能であり、エーテルで満たされている真空に対する地球の運動が検出できないという実験事実であった。前者はこれまでの物質観では全く解決できず、後者はニュートン力学そのものと明らかに矛盾していた。このことを意識的に捉えて新しい科学を育てたのが、アインシュタイン、ラザフォード、ボーア、ハイゼンベルグ、シュレジンガー、ディラックなど、二〇世紀になって大活躍をした若手科学者であった。かれらは、原子や電子などのミクロ世界に成立する量子力学を創りあげ、相対性理論によってニュートン力学に大きな修正を加えたのである。

二〇世紀末の「科学の終焉」論

それから約一〇〇年が経って、科学は新たに終焉の時期を迎えたという議論がジャーナリストのジョン・ホーガンによって提起された。彼が着目したのは、二〇世紀は科学が大きく発展した時代ではあったけれど、それはほぼ二〇世紀前半のことであり、後半には「われわれはどこから来てどこへ行くのか」というような、根底的で胸をドキドキさせるような純粋科学の大発見がないという点であった。確かに、物理学の相対性理論（一九〇五、一四年）や量子力学（一九二五年）、生物学のＤＮＡラセン構造（一九五三年）、地球物理学のプレートテクトニクス（一九五〇年代後半）、宇宙論のビッグバン理論（一九五三年）など、学問の革命となった業績は一九五〇年代までに出尽くしており、後半の五〇年にはほとんど出ていないのは事実である。ところが、研究者数も研究費も論文数もこの五〇年の間には数倍になっている。科学研究の条件は良くなっていて、もっと画期的な業績が上がっていてもいいはずなのにむしろ停滞している、というわけだ。なぜなのだろうか。

ホーガンはこれを「収穫低減の法則」と呼んでいる。研究者の数や投下される研究資金は増えても、それに見合って真に重要な事実の発見率は増えていない、科学はそのような停滞の段階に差し掛かっていると言う。その理由は、純粋科学が認識論的・物理的・経済的限界に直面しているからだと主張する。

認識論的限界とは、科学の最前線は非常に微妙な変化まで捉えられるようになり、もはや原理的に消すことができない量子ゆらぎとか自然雑音とかの制御できない認識の極に達したということを意味する。そうなれば、超巨大だが超繊細な実験装置を設置しなければならず、物理的にそのような完全な設備を建設するのは困難になっている。また、かかる費用も巨大となってそのような科学実験のための経済的負担を担える状況がなくなってきた。問題とする科学の課題はあっても、それを研究することが非常に困難という壁にぶち当たっている。実際、昨今のノーベル賞は三〇～四〇年前の業績に与えられている。それだけ実証が難しくなっているのである。

こうして科学の実験が必然的にビッグサイエンスとなると、もはや一つの国だけでは進められず、多国間国際共同が当たり前になる。やがて、世界中がこぞって協力しても実現不可能となり、実験が行なえなくなってしまうだろう。今はまだ、なんとかやれているからホーガンの「科学の終焉」論に与する人は少ないのだが、これを真剣に考えねばならない時期が来ているのは事実である。科学の世界も成長と発展の時代は終焉を迎えているのだ。

私は要素還元主義で巨大化した科学ではなく、複雑系の科学というこれまで後回しにしてきた分野で、「等身大の科学」が二一世紀の主流になると思っているが、果たしてそうなるのであろうか。

（三洋化成ニュース No.482　二〇一四年新春号）

文明の転換期

今人々が持つ科学への印象は、科学はもう十分という満腹感とともに、まだまだ科学には夢があるという期待感の双方が入り混じったものではないだろうか。いろいろ便利になり生活も豊かになったのだから、これ以上科学を進めなくてもいいのではと思いながらも、胸躍る新発見をもたらしてくれる科学は人間の証明でもあり、決して手放してはならないとも思っている。アンビバレントなのである。とはいえ正直に言えば、現代の科学・技術文明には飽食しており、価値観が異なった新しい文明を待望してはいるのだが、それがどういうものかなかなか想像できず、今のままを続けるしかないのではないか、というのが多くの人の率直な感想だろう。私は、まさに現在は文明の転換期を迎えつつある時代であると思っている。まだ鮮明に新しい文明の形は見えていず、むしろ私たち自身がこれから数十年かけて考え、さまざまな試みを積み重ねていくなかで来るべき文明が姿を現してくるのではないだろうか。以下では、私が構想する新たな文明の提案をしておきたい。

地下資源文明から

現代の科学・技術を基盤とする文明は、地下資源の存在を抜きにしては語れない。エネルギー源として化石燃料（ウランも含む）を大量に使い、鉱物資源を用いて建造物・輸送機関・機械・道具など身の回りのあらゆる人工物を製作し使用しているからだ。このように地下資源が本格的に利用されるようになったのは一八世紀半ばにイギリスで起こった産業革命からであり、以来この三〇〇年足らずの期間は産業革命がずっと継続してきたということができる。この間、化石燃料は石炭から石油（そして天然ガス）へと主役が変わり、鉱物資源は鉄やアルミなど（基幹金属である）「産業のコメ」、クロムやコバルトなど（希少元素である）「産業のビタミン」、シリコンやゲルマニウムなど（半導体である）「産業の頭脳」とバラエティーが増してきたのだが、一貫して地下資源に依拠して文明が構築され発展してきたのだ。現代の文明を「地下資源文明」と呼ぶゆえんである。

地下資源は、エネルギーや貴重鉱物の塊みたいなものだから使い勝手がよく、比較的安価で手に入れることができ、その応用範囲が多様であるという何ものにも代えがたい長所があった。また量も多く、地球は大きいのだから少しくらい使っても枯渇しないと考えられてきた。当然、地下資源には不純物が混じっており、燃焼や精錬（せいれん）の際には二酸化炭素やイオウ酸化物などの温室効果ガスや有毒ガスを排出せざるを得ないのだが、地球環境の容量は十分大きいから野放図に廃棄しても地球が処理してくれると楽観的に考えてきた。こうして大量生産・大量消費・大量廃棄の文明形態となり、現代の買い換え・使い捨て時代を招くことになったのである。

一九七二年にローマクラブが「宇宙船地球号」というキャッチフレーズで「有限の地球」というコンセプトを打ち出したのだが効き目がなく、ようやく近年になって地下資源は有限であって数十年で枯渇すると囁かれるようになり、地球の容量も有限であって地球環境問題が喫緊の課題となっている。つまり、地下資源文明は今後数十年しか保たないことが明らかになってきたのである。豊かであった地下資源を三〇〇年そこそこで使い切って汚れた地球だけを残す、それが私たちが作り上げてきた文明の末路となるのであろうか。

地上資源文明へ

しかし、この地上において目に見える形の資源として、太陽光と太陽熱、雨と風、潮流や地熱、そして樹木などの生物資源（バイオマス）がある。これらを地上資源と呼ぶが、私は地下資源文明の後に来るのは地上資源に依拠した文明ではないかと思っている。重要な点は、日本は地下資源には恵まれていないが、地上資源は余るほどあることで、そこに着目すべきではないだろうか。

地上資源の良さは地下資源と正反対で、資源量は無限と言えるくらいあり、環境への負荷が小さいということにある。現在では、それらをエネルギー源（太陽光発電、風力発電、地熱発電、バイオマス発電など）として利用することが開始されており、自然エネルギー（再生可能エネルギー）と呼ばれている。ドイツでは総使用電力量のうち自然エネルギーの占める割合が二七％にも達しており、一〇年先には三五％にまで増やし原発を廃止することを目標としている。化石燃料の節約だけでなく、持続可能な社会を築くための切り札と捉えているためである。

さらに「グリーンイノベーション」と呼ばれるように、生物資源をアルコールや油脂や有機酸などの基幹化合物として活用し、化成品の原料や繊維、医薬品や染料、バイオプラスティック（藁(わら)やバナナの皮からプラスティックが生産できる）やファインケミカルの製品とするなど、次世代の工学・医学・農学における技術開発の焦点になりつつある。エネルギー源だけでなく、生活物資の製品でも地上資源は豊かな可能性を秘めているのだ。

といっても、例えば太陽光発電はエネルギー効率が低く、天候に左右されるという欠点があり、主要なエネルギー源にはならないのは事実である。しかし、その他の発電方式と組み合わせ、スマートグリッドで電力の融通をしていくことで欠点を克服できるだろう。小型で分散型かつ多様化の技術によってエネルギーの地産地消を図り、かつ省エネルギーにも寄与するという利点を最大限に生かすのである。例えば、太陽光発電で余った電力で水の電気分解をして水素を蓄え、夜間にはそれを燃料電池に使って電気と温水を作る方法が考えられる。グリーンイノベーションも、現時点においては多くの開発経費がかかって採算が取れる状態ではない。しかし、例えば麦藁からプラスティックを作ることが実現しており、今後の研究次第では石油を使わずにバイオマスから合成繊維なども生産できるようになるだろう。

むろん、地上資源を使いこなすためにはまだまだ時間が必要であるし、私たちの常識も変えなければならない。というのも、地下資源のような高い効率性は望めないかもしれないからだ。むしろそのことをプラスに捉え、ほどほどの豊かさに満足し、自然と密着した生き方を楽しむ、そんな生活スタイルになればと思う。そのためには「文明観」の転換が必要なのかもしれない。私の目の黒いうちは実現できそうにないのが残念なのだが……。

（三洋化成ニュース No.483　二〇一四年春号）

「すすむ」と「めぐる」

私たちは通常、時間は過去から現在そして未来へと一方的に流れているものと考えている。「すすむ」時間の観念である。事実、時間が経つとともに、生物は年をとり、物は古びていき、埃(ほこり)は溜まっていくから、ものの変化を通じて認識する時間は不可逆的に前に進んでいくとするのがふつうである。これに対し、お正月が来ると「新年おめでとう」と言うのは、過ぎ去った年(旧い時間)からこれから迎える年(新しい時間)が今ここから始まることを寿(ことほ)ぐ気持ちが込められているためと思われる。つまり、この場合時間は円環的に繰り返すという観念があり、「めぐる」時間の思想が背景にある。一般には、西洋では「すすむ」時間の感覚が強く、時間とともに成長し発展することを当然としてきた。他方、東洋では「めぐる」時間を大事にする気質が勝り、同じことを繰り返しながら年月を重ねていくこと、つまり「循環」という考え方が重要だとしてきた。むろん、「すすむ」と「めぐる」の二者択一ではなく、私は「すすみつつめぐる」というラセン的生き方こそが肝要だと思っている。

「すすむ」時間の特徴

世界各地に残る神話はたいてい宇宙がいかに創成されたかで始まっている（始めから宇宙があったとする神話は一〇％もない）。「すすむ」時間においては、必ずその出発点としての始まりがあるのだ。例えば、聖書では神が天地創造をすることによって世界を開始させたし、日本の「古事記」では天地開闢（かいびゃく）においてイザナギとイザナミの国生みから世界が始まる。宇宙卵や巨人の体から宇宙が創成されてくる神話も数多くあって、古代人の想像力の逞（たくま）しさのようなものを感じる。全体世界としての宇宙そのものには何らかの劇的な始まりがあったとしているからだ。現在の宇宙論も、宇宙は大爆発で始まったとするビッグバン理論に依拠しており、神話時代に人々が抱いた観念とそう変わりはないのかもしれない（むろん、神話のような夢物語ではなく、科学的な根拠の上に組み立てられてはいるが）。

時間が始まると前へ前へと「すすむ」、つまり「前進」することが当然であり、それは「進歩発達」と等値されてきた。昨日よりは今日の方が良くなり、今日よりは明日の方が良くなる、そんなふうに直線的に発展するという論理に結びついてきたのだ。人間はより良い明日への希望をつなぐことで生きており、日々幸福の度合いが大きくなっていくと願っているためだろう。その意味では、「すすむ」時間を維持するためには希望を常に育み続けねばならないというしんどさが付きまとっているとも言える。

そして、無限の発展はあり得ないから、「すすむ」時間には必ず終焉が訪れることになる。キリスト教では神はハルマゲドンで悪魔との全面戦争に勝利し、そして最後の審判が行われることになっている。大団円で終わりを迎えるのだ。ところが、一般には終焉については言及せず、あたかも永遠に発展し続けるかのように振る舞っているのが通例である。そのためであろうか、厄介なことを未来へ先送りするという無責任なことが罷り通るようになっている。原発の放射性廃棄物の管理、一〇〇〇兆円を越える国の借金、空気中に累積する地球温暖化ガスの始末、浪費した挙句に招く地下資源の枯渇等々、私たちは現世の利得のために負の遺産ばかりを子孫に残していると言えよう。それを追及されれば「わが亡き後に洪水よ来たれ」と嘯くのである。つまり、「すすむ」時間は一回きりであるという意味で、無責任な発展論理を招く傾向があるのだ。

「めぐる」時間の特徴

円を描くように動いて元に戻り、それを繰り返すという「循環」する宇宙観は、例えば植物が種蒔－開花－枯死－種苗－種蒔－……というふうに盛衰を辿って一生を繰り返していること、動物が子供として生まれ、その子供が成長して大人になり、子供を産んで死を迎えて次世代に受け継いでいくこと、太陽が春夏秋冬に応じて日光の強さを変化させつつ、それを繰り返して続いていくこと、などの類推から生まれたと考えられる。その時々に見かけの姿は変化するものの、本質は変わらず永久に持続するという考え方である。

仏教の「輪廻（りんね）」（梵語（サンスクリット）ではサンサーラ、流れるという意味）では、車輪が回転して止まらない姿に象徴されるように、人々は迷いながら生死を重ねていくことこそがこの世界の有り様と説いている。しかし、生きかわり死にかわりする（「輪廻転生」する）なかで、変わらないものがあるとの主張も背景にある。世の中は目くるめく変化するが、それはひとときのエピソードに過ぎず、結局長い眼で見れば同じことを繰り返しているのだから慌てることも焦ることもない、じっくり構えて対応するのがよいとするのだ。ここに東洋思想の根幹がある。「めぐる」時間には永遠と不変がキーワードとなるのだろう。

むろん、ハツカネズミが羽根車をくるくると回しているのと同じなら、永遠であっても意味のない循環であり、その不変からは何も生まれてこない。ドイツの哲学者ニーチェは西洋人には珍しく、「永遠（あるいは永劫）回帰」を唱え、同じものが永遠に繰り返すとする哲学を打ち立てた。私たちの生と世界に意味と目的を付与してくれるものの象徴的表現は神なのだが、神は死んで不在となったのだから、世界は意味も目的もなく永久に回転し、同一物が永遠に反復されるに過ぎない。むしろ、そのような意味も目的もない世界を生き抜くことにこそ意味があるとして、生の絶対的肯定を説いたのである。ニヒリズムが強く東洋的思想とは異なるが、「めぐる」時間の哲学として興味深い。

ラセン的生き方を！

一方的に「すすむ」だけでもなく、同じ地平を「めぐる」だけでもないのが、「めぐりつつすすむ」というラセン的生き方である。循環を繰り返しながら、ゆっくりと高みに登っていくというものだ。一九九二年、リオの国連地球サミットで採択された「持続可能な発展」という言葉はそれを見事に表現している。私たちの未来は、「すすむ」と「めぐる」のどちらか一方にだけ偏らない生き方をいかに見出すかにかかっているのではないだろうか。

（三洋化成ニュース No.484 二〇一四年初夏号）

科学者・技術者の条件

寺田寅彦はいつも学生たちに、「ねえ君、不思議だと思いませんか?」と話しかけたそうである。私たちがつい当たり前だとして見過ごしてしまう事柄であっても、よくよく考えれば何故そうなのかがわからないことが多くあり、それに気づくようになることが科学者・技術者の第一歩であると言いたかったのだろう。科学者にとっての最重要の資質は「問題を嗅ぎ付ける能力」であり、技術者が成功するための条件は「合理的かどうかを嗅ぎ分ける能力」であって、いずれも見えないところで何が働いているかを想像し、そこに潜む不思議を感じ取ることができねばならないからだ。寺田寅彦の弟子である中谷宇吉郎は、自由学園の女子学生が自主的に行なった「霜柱の研究」の報告を読み、その感想として研究を進める上で六つの条件を語っている（「霜柱の研究」について」一九三七年八月「婦人の友」所載）。それはどのような職業についても、その仕事を実りあるものにするためには必須のことであり、現代の科学・技術を進める上でも通用する真理を言い当てているように思うので、ここに紹介しておきたい。

現象に対する純粋な興味

「不思議を感じ取る力」の獲得には、既知の知識をいかに多く持っていても何の役に立たないことは誰でもわかる。直感的な推理、嗅ぎ付ける力が不可欠なのである。中谷はそれを「第一にそして一番重要なことは純粋な興味を持つということ」と表現している。対象とするものに対する興味があってこそ、それを積極的に調べてみたいと思うようになるのである。そして「第二には熱心さを持つこと」と言う。この点は当たり前すぎて言うまでもないことだが、上から下から斜めから徹底して熱心に対象物を考え尽くすことなくしては、そこに隠れている問題点を明らかにできないことは自明だろう。

そして、「第三には思い付いたことを、億劫(おっくう)がらずに直ぐに試みてみる頭の勤勉さを持つこと」と述べている。思い付いたことがあればきちんと記録しておき(すぐに忘れてしまうことが多い)、誰かが既にやっているとして放っておかず(たいてい誰かがやっていることは確かだが、一応確かめてみる必要はある)、それが直ぐに見つからない場合は自分でやってみること(盲点であったのか案外誰も手を付けていなかったりする稀な場合もある)である。古今の科学者のエピソードを見ても、このような勤勉さこそが科学・技術を飛躍させる鍵となってきたことがわかる。記録し、調査し、自分で試みる、それを習慣とすることが大事なのである。

待ち受ける心構え

「第四には偶然に遭遇した現象をよく捕え、それを見逃さぬこと、即ちいつも眼を開いて実験をすることである」と言っている。これは「実験の極意」といえる。理論的研究であっても頭の中で思考実験を行なっているから、「実験」という言葉はすべての研究・新しい試みに適用できるだろう。また、マーケティングや営業の仕事であっても、そこには常に実験的要素があるからやはり同様に適用できる真実だろう。ごく当たり前のことだけれど、当たり前であるからこそついおざなりになってしまうのかもしれない。

「セレンディピティー」という言葉がある。思いがけないものを偶然によって発見（発明）することで、ノーベル化学賞を授与された田中耕一の質量分析の原理も白川英樹の導電性ポリマーの製作も、偶然の失敗の実験結果を見直すことによって偉大な成果に結びつけたものであった。まさに「いつも眼を開いて実験をすること」によってのみ気づき、実際の仕事へと昇華させていくことが可能になったもので、漠然と見ているだけでは見逃していただろう。パスツールは「観察の場では、幸運は待ち受ける心構え次第である」と表現し、ノーベル賞受賞者のフローリーが「気持が前もって十分に充実していないと、よく言われる天才のひらめきもないということです」と述べているように、何事も受け入れて考えるという態度が重要なのである。

知識と打算が邪魔

「第五には新しい領域の仕事を始める時に怖がらぬことである。この研究が土の分析に手をつけた時のように平気で始めることである。それにはあまりに多くの知識と打算とが一番邪魔になる」と断じている。私たちは新しい仕事を始めるとき、大きな野心とともにそれが失敗したらとの不安も多く持ってしまう。そのために必要以上に勉強したり、余分の知恵を学ぼうとしたりする。「転ばぬ先の杖」の気持があるからだし、野心と不安は心の打算以外の何物でもない。それによって対象への純粋な興味を失っていないか、対象の描像が歪んではいないかを常に点検してみる必要がある。あまり考え過ぎると過大な期待をかけることになり、ありのままの姿を素直に受け入れられなくなることがあるからだ。淡々とかつ常に新鮮な気持で新しい事を始めることによって、チャレンジすることの醍醐味が深まっていくのかもしれない。

そして「第六には妙にこだわらぬこと、これは何でもないようで、その実なかなか難しいことである」と、六つ目の教訓を締めくくっている。何かの新しい試みを始めれば誰であれ、どんなことであれ、「こだわる」のは人間として当然である。しかし、中谷は「こだわらぬこと」が大事だと言う。こだわるとそこから心が離れず、つい考え過ぎて余分なことにまで頭を巡らせる結果、始めに立てた目標を忘れてしまうことが往々にしてあるからだろう。

直感的な推理

最後に、「そして以上述べたそれらの色々の心得の外に、研究の全体を通じてある直感的な推理を働かすことである」と付け足している。「直感的な推理」とは即ち「不思議を感じ取る力」のことであり、「嗅ぎ付ける力」のことでもある。それには想像力を鍛えることが不可欠で、かつて私は『考えてみれば不思議なこと』（晶文社）という本を出版したのだが、その思いは今も変わっていない。

（三洋化成ニュースNo.485　二〇一四年夏号）

非在来型エネルギー源の未来

現在の社会は、エネルギー源（動力源や電源）には主として化石燃料（石油・石炭・天然ガス）を使っており、星の爆発によって形成されたウランと水をダムにためて落下させたときに働く水力も含めて「在来型エネルギー源」と呼んでいる。長い間これらに頼ってきたが、ウランや化石燃料は石炭を除いて可採掘年（確認埋蔵量を現在の消費率で割った量）は一〇〇年を切っており、消費率は年々上がっているからもっと短い間に枯渇すると考えざるをえない。注目されているのが再生可能エネルギーの利用なのだが、小型で分散型のため開発費が高いこともあって一気に開発が進まない。そこに新たな化石燃料としてシェールオイルとメタンハイドレードが登場した。これらが「非在来型エネルギー源」と呼ばれるのは、採掘に金がかかりこれまで利用されてこなかったため（非在来型）で、新たな技術開発が行われ、在来の化石燃料の値段が上がっていることもあって採算ベースに乗りつつある。そのためエネルギー問題が解決されそうな雰囲気すらあるのだが、さてこれらのエネルギー源の未来はいかなるものなのか検討してみよう。

シェールオイル

「頁岩油」と訳されているが、地下の泥が堆積して固まり岩石となった頁岩層に石油成分が含まれており、それを乾留することによって得られる液体の石油のことである（天然ガスと似た成分が多い場合はシェールガスと呼ぶ）。油田の場合は多量の石油成分が地下に湖水のようにたまっているのに対し、岩石層に薄く含まれているだけなので、いかに採取するかが問題であった。露天掘りが可能な場所では直接岩石を掘り出し、空気を遮断して加熱し揮発分を冷却・回収するという乾留方式が試みられていたが、非効率で値段が高く採算ベースには乗らなかった。ところが、アメリカで化学物質入りの水で岩盤に強い圧力を加えることにより、石油成分を岩石から絞り出す方法が開発され急速に広まった。これによって比較的安い費用で大量に石油を採掘できるようになり、一気にシェールオイルの人気が出て活況を呈するようになったのである。実際、オイルピーク（石油生産量の最高値）の時期を迎え、以後の石油生産は減少していく一方という資源枯渇の脅威が（特にアメリカにおいて）過去のものとなったかのような雰囲気となった。これで化石燃料の供給は心配ないのだ、と。

しかし、二つの点を押さえておかねばならない。一つは、シェールオイルが利用できるようになったといってもやはり資源量は限られており、資源枯渇が先延ばしになっただけということだ。

もう一つは、シェールオイルの採掘では大量の化学物質を使っていて地下水の汚染問題を引き起こしており、その対策費用を余りかけないで安価であると喧伝（けんでん）していることだ。政府の補助金もあって値段は政治的に決まっており、本当の採算には疑問符が付く状態と言える。実際、石油輸出国が一致して石油の値段を下げてシェールオイルの会社を倒産させ、その後石油の値上げをするというような熾烈な価格競争が繰り返されている。石油もシェールオイルも政治的価格であることがわかる。これらの点を考慮すれば、しばらくシェールオイルの動向を見たうえで将来を判断するほうが賢明である。

メタンハイドレード

海底深くでは水温が低くなるから水分子がシャーベット状に凍って中空のかごのような形になり、その内部にメタンガスを閉じ込めていることが多い。これがメタンハイドレードで、含まれているメタンガスを燃焼させれば多くの熱エネルギーを取り出すことができるから有用なエネルギー源になる。メタンハイドレードは日本近海にも多く埋蔵されていることが確かめられており、資源の少ない日本では将来性のある貴重なエネルギー源とみなされていて、現在採掘実験の最中である。資源の全量が不明なので、どれくらいもつのか明らかではないが、消費エネルギーの数十年分はあるだろうと見積もられている。またメタンガスを改質（炭素を剝ぎ取る）して水素を取り出し燃料電池（水素と空気中の酸素を結合させて熱と電気を生み出す電池）として使うのにも有効であると期待されている。

問題は、海底の高圧下では安定なシャーベット状の水分子でも、常圧環境では簡単に溶けるからメタンガスが抜け出てしまうことである。二酸化炭素の二五倍の温室効果を持つメタンガスが空中に放出されると地球温暖化が加速されることになるため、完璧にメタンガスを捕捉・管理しなければならない。海底深くからの採掘において、例えば海底油田からの重油流出事故に似た事故が起これば、メタンガスの地球全体に及ぼす影響は甚大なものになるから、現在はまだ慎重な技術開発の段階なのである。実用化されるまでに相当の時間がかかりそうである。

将来性

これら非在来型エネルギー源の将来性についてはそう楽観できる状態にはない。

その理由の一つは、どちらもせいぜい数十年しかもたず「つなぎ」のエネルギー源にしかならないのは事実であるからだ。たかだか今の子どもたちの世代だけで使い切ってしまう程度であり、過大に期待すべきではないのである。そのことを考えれば、私たちの世代は豊かな資源（石炭・石油）に恵まれ、それを独占的に使うことができたのだが、子孫たちには大きな損失を与えている存在と言えそうである。

二つ目の理由として、ある量の資源を採掘するために投下したエネルギーは、採取した同じ量の資源から得られるエネルギー以下でなければ無意味であることは自明であろう。エネルギー量の採算に見合わねばならないからだ。現在の資源採掘はそのエネルギー閾値(いきち)に近づきつつあることを忘れてはならない。それほど過酷な条件でようやく化石燃料が得られる状況になっていると言える。そのため、採算がとれるためには資源採掘に環境破壊が相伴うことが多くなり、環境を修復するのに必要なエネルギーも含めればエネルギー的に採算が合わないという状況が生じているのである。資源の値段は政治的・経済的状況で決まるから、必ずしもエネルギーの採算性を保証していることにはならないのだ。

私の意見は、在来型と非在来型エネルギー源が利用できる間に再生可能エネルギー源の開発を積極的に進めて、資源枯渇の時代に対応できる体制を確立すべきというものである。それは遠い未来のように思えるが、私たちの子や孫の世代が直面する、考えようによってはごく近い未来のことなのである。

(三洋化成ニュースNo.486　二〇一四年秋号)

生命操作の時代

染色体やＤＮＡという遺伝情報が詰まっている組織の構造が明らかになるにつれ、その検査をして異常を見つけ出すことが可能になり、さらには遺伝情報そのものを改変する技術も開発されるようになった。それに止まらず、その技術を人間に適用して金儲けに結びつけるという商売が始まっている。人間の究極の個人情報である遺伝子を通じて生命を操作しようというのである。ＤＮＡの二重ラセン構造が発見され、遺伝の機構や法則が明らかになったのが一九五三年だから、ほぼ六〇年ばかりの間にその知見が遺伝情報を解読し操作する技術へと転化し、いよいよ人間の改造に使われるようになったことになる。今後、遺伝子操作は当たり前の技術になっていくかもしれない。果たしてそれで良いのだろうか、私たちに何ができるのかを考えてみたい。

新型出生前診断

二〇一三年に、日本でも妊婦の血液のＤＮＡを調べるだけで胎児の染色体異常があるかないかを検査できる新型出生前診断が可能になった。妊婦のお腹に針を刺して羊水を採取する従来の出生前診断に比べて、格段にリスクが少なく、検査の精度が高く手軽であり、従って費用も安いために、利用者が増えているようである。今のところダウン症など三種類の染色体の病気の診断だけに使われている。問題は、母体保護法では異常が見つかったという理由だけで胎児を中絶することは認められていないにもかかわらず、母体の健康を守るなどの理由をつけて堕胎手術が行なわれる可能性があることだろう。染色体異常が見つかったためにダウン症を心配して胎児を中絶することが多くなれば、ダウン症の子どもの出産が少なくなり、かれらへの理解や支援が後退し、そのような子どもを持つ親も差別されかねない、と心配される。心身に障害を持った人間をあたかも社会の重荷とみなす風潮を助長するからだ。体にハンディがあろうがなかろうが気にせず多種多様な人間が共存する、そんな社会であらねばならないと思う。

さらに、出生前診断では胎児の性別が簡単に調べられるから、男女の産み分けに使うこともできる。そのため、好みの性が選択できるようになれば、性比が歪んだ社会になってしまう恐れがある。また、血液の遺伝子検査で将来の乳ガンやアルツハイマー病などの病気の可能性に関する診断も行う検査会社が現れている。アメリカの有名女優に乳ガンを発症する可能性がある遺伝子が存在することがわかり、両胸の乳腺を取り去る手術を受けたことが話題になった。

出生前診断のアンケート結果によれば、「賛成」が四八％で「反対」の三〇％を上回っており

（遺伝子検査では「賛成」が五五％）、なかでも三〇歳代では「賛成」の割合がなんと六七％もあるそうで、若い年代ほど受け入れ派が高いという傾向を示している。世代を経るに従い、未来を早く知って人生を完璧に管理したいと望むようになっているのだろうか。

デザイナーベビー

ゲノム（ＤＮＡの総体）解析が手軽にできるようになり、ＤＮＡ上のどの部分に、どのような遺伝情報が書かれているかがわかってきた。ＤＮＡの塩基配列に書き込まれた情報が実際のたんぱく質の形成に結びついている場合を「遺伝子」という。例えば、髪の毛の色はそれを構成するたんぱく質の構造で決まっており、その構造の情報を遺伝子が担っているということである。だから、その部分の塩基配列を改変してたんぱく質の構造を変えれば自分の好みの髪の毛とすることができるのだ。

実際には、受精卵のＤＮＡを調べ、好みの色の遺伝子に改変してから子宮に着床させるという方法が採られる。これが着床前診断である。出生前診断は妊娠してから行なうものだが、着床前診断はもう一つ手前の受精卵を改変してから妊娠させる方法であり、このようにして生まれる子どもを「デザイナーベビー」と呼ぶ。遺伝子をデザインした赤ん坊というわけだ。将来的には背の高さや運動能力などの身体的特徴、頭の良さや音楽性などの知的能力、自閉症やアルツハイマーなどの病気の可能性といったことまで遺伝子を同定し改変するようになるかもしれない。それらはまだ遺伝子が明確に同定されていないため今のところデザインできないだけで、遺伝子がどこにあるかがわかればいずれその操作の対象になることは確実であるからだ。

このように、親の意思と財力で自分の子どもを望んだ通りに仕立てていくことは許されるのだろうか。現在ではまだ十分な議論がなされてはいないが、それを望む親がおり、それを実際にやってみたいと願う医師がいる限り、必ずやそれを行なう人間が現われ広がっていくと思われる。世代が変わるとともにものの考え方も変わり、その技術の確かさも増すにつれ、遺伝子操作を受け入れる感覚も異なってくるのではないだろうか。

どのように考えるべきか

かつては(今も)子どもの誕生は神の領域であり、私たちはその結果を受け入れることを当然としてきた。通常の妊娠ではダウン症になる確率が必ずあり、「子どもは天からの授かりもの」だからと受け入れてきたのである。その他の遺伝的要素も同様で、当人がそれを自分の個性と考えて前向きに考える場合も、大きなハンディキャップを背負ったと天を恨む場合もある。それぞれ多様な思いが共存することで社会が健全に成り立ってきたのではないだろうか。

しかし、いったん遺伝子の改変に手をつけるとどんどん拡大し、世代を越えて受け継がれていく。極端に言えばみんな同じ髪の毛で同じ目の色で同じ背の高さでというふうな画一化された社会になってしまう危険性がある。人間世界の多様性が失われてしまうのだ。そのような人間集団は外部からの圧力に弱く、短命であることは容易に想像される。雄と雌（男と女）ができたのは、遺伝子を混ぜ合わせて種の多様性を獲得するためであり、その方が環境変化に耐えることができるからだ。ところが、生命を操作する技術が広がると人間は多様性を失い、むしろ社会は脆弱になっていく可能性が高い。人間世界の持続可能性の観点からもしっかり議論しなければならないと思っている。

（三洋化成ニュース No.487　二〇一四年冬号）

デジタル社会の光と影

デジタル技術の発達によって、私たちの社会は根底的に変わろうとしている。あらゆる電気製品に制御素子（そし）が内蔵されて省エネルギーに寄与し、スマホのような小型技術によって情報通信手段が便利で効率的になり、おまけに簡易化して省資源に尽くすようになった。デジタル技術は地球環境問題にも寄与をするようになったのは事実であり、今後ますます重要になっていくことも確かである。これらがデジタル社会の正の側面とすれば、それによって必然化する情報化社会の負の側面も生じてくる。情報が独占されたり偏っていたり、情報が盗まれて（流出して）プライバシーが無くなったり損害を受けたり、情報流通が個人間の諍（いさか）いの原因になったり騙されたりと、デジタル化によって情報の操作が容易になることによるマイナス面も増えるからだ。何事もそうだが、メリットがあればデメリットも必ずあり、光があれば影が生じるのは当然である。デジタル社会の長所だけでなく短所もきちんと押さえて、いかにマイナス部分を小さくするかを考えるのが現代人の知恵と言うべきだろう。

デジタル技術の光

デジタル技術による情報通信（ＩＣＴ）手段は格段に進歩した。基本的には、固体の半導体のため小型で安定し、強固で長持ちする省エネルギーの電流制御が可能になったことがデジタル技術の根幹である。これによってＩＴ手段も小型化し簡易化し安上がりになり、国家・人種・性別・貧富・年齢の壁がなくなって瞬時に時空を越えて人々が結びつくことが可能になった。その結果として、政治を動かし社会に大きな影響を与えるようになったのは事実だろう。マルチメディア（インターネット、ＳＮＳ、Ｌｉｎｅなど）によって人々のバーチャルな接触空間が拡大し、情報の電子化（デジタルアーカイブ）による知識の集積とｅラーニングやオープン大学などによる知識の利用が容易になり、電子取引やオンライン出版など新しいビジネスが開拓され、ロボットや人工知能などの新しい制御技術が開発されてきた。

要するに、多量の情報の処理と輸送と蓄積が簡単に行なえるようになったことと、通信手段の革命によって誰でもどこでもいつでも情報に接することが可能になったこと、この二つがデジタル社会を演出する根本要素となっているのだ。それによって人々が広く速く多様に結びつくことができるようになったことがデジタル技術のプラスの側面だろう。その全面的な展開は人類の歴史において未だかつて経験しなかったことであり、人間の新しい可能性を拓くための新規の実験を行なっていると言っても過言ではない。

デジタル技術の影

同じ優れたカメラでも使いようによって、防犯カメラと呼ばれたり監視カメラと呼ばれたりする。それと同じでＩＣＴ技術も二面性があり、影の部分も正しく考慮に入れておかねばならない。むろん、肝心なことは使いようであり、技術そのものが本来的に悪いわけではない。

まず、ＩＣＴ技術の発達のために権力を持つ者に情報が集中化し、権力と市民の間の情報量の非対称が拡大することを挙げねばならない。特定秘密保護法とか国家緊急事態法などでは権力側が情報を独占する体制となり、膨大な個人情報が国家管理されて監視社会になっていく危険性が極めて高いのだ。市民一人ひとりに共通番号を付与し、学歴・職歴・経歴・犯罪歴・預金量・税金・運転歴・病歴などをすべて一括管理しようとするマイナンバー制はその一環であろう。いずれ究極のプライバシーである遺伝子情報も管理の対象になるかもしれない。一億人分の情報であっても、いとも簡単にコントロールできるシステムとなっているからだ。

皮肉にも、情報の独占によって社会に流布する情報は限られ、むしろ一様な社会になり全体主義へと転化していく危険性がある。情報過多と言いながら、実際に意味がある情報は減少し、誰もが権力者から出された同じ情報に踊るようになってしまう可能性があるからだ。

また、コンピューターを使った犯罪が増えていくことも危惧される。顔が見えない相手と対話するのだから無責任となり、簡単に人を騙すこともできる。インターネットやＳＮＳが誰でも気軽に使えるということが、無責任な言動を生み出していく素地を作っていくことになっているのは事実だろう。ネットウヨクがその典型である。

このようなデジタル社会の影が大きくなると、コンピューターオタクとか、バーチャルにしか生きられない人間を生み出していく危険性がある。農業や工業のような物自身を扱う仕事とは異なって、情報という摑みどころがないものを扱うが故に責任意識に欠けてしまうのである。人間が弱体化していくのではないだろうか。その兆候はＳＮＳやＬｉｎｅで使われる言葉の貧しさに見られる。あの断片的な言葉で思想が語れるのだろうか。

デジタル社会の未来

情報のデジタル化はますます進行し、個人の監視もますますます強化されていくことは確実であろう。監視社会を和(やわ)らげるのは情報の公開だから、情報の秘匿と公開の二つの拮抗(きっこう)する力の対立となっていくと想像される。私たちは情報を選択する技術を身につけねばならず、それを基礎にした創造に勤(いそ)しまねばならない。情報追従では何も生み出すことができないからだ。デジタルデバイドによる情報取得の強者と弱者との格差が拡大していく可能性が高い。どんどん進化するＩＣＴ技術についてゆけず落ちこぼれていく人間も多数出現するようになる危険性も高い。果たして、そのような状況になったとき社会の意志の確立はいかなる人間が担うようになるのであろうか。

それとも考えにくいことだが、ＩＣＴ技術の進化は一定のレベルで止まり、人間が追いつくのを待つようになるのであろうか。

いずれにせよ、デジタル社会がますます進行していくなかで人間の分断が起きるのは確実だろう。いっそう進展させようとする者と押し留めようとする者の対立である。それは科学の行く末を象徴しているのかもしれない。あくまで新規性を追究したいと望む人間と、ある段階で打ち止めにすべきと願う人間の相克である。私はそのような対立・相克がある社会ほど健全であると思ってはいるけれども、後世のことを考えず新規性のみを安易に求める社会であってはならないと思ってもいる。それは現在の私たちが犯していることであると言われそうだが。

（三洋化成ニュース No.488　二〇一五年新春号）

科学の今日と明日

この章の第六回において「科学の終焉」の予兆みたいなことを書いたが、それが「科学の今日」の状況であるとすれば、科学は終焉するのではなく新しい装いで立ち現れるであろう「科学の明日」のことを述べて、このシリーズの最終回としたい。

科学の今日

岩波書店が二〇一四年に創立一〇〇周年を迎えて記念講演会を京都で催したとき、その全体のタイトルは「これまでの一〇〇年、これからの一〇〇年」であった。私は、「科学のこれまで、科学のこれから」について意見を述べた。今回の表題の「科学の今日」とは「これまでの一〇〇年」のことであり、「科学が非常に発達したのがこれまでの一〇〇年」と考えている。特に二〇世紀に入って科学は異様に発達し、それがなお現代も継続しているのは確かである。あえて「異様に」と表現するのには二つの意味を込めている。国家が巨大な投資を行なうことによって科学を手中に取り込み、国家経営に欠かせざるものとして位置づけるようになったという意味、そしてそれに呼応するかのように科学が厚顔にも大きな顔をして闊歩するようになったという意味である。便利さや豊かさをもたらしてくれる科学に対し、国家や人々の依存度はますます大きくなり、否応無く受け入れざるを得ないと感じる度合いが強くなったのに乗じて、科学は社会から当然庇護されるべきと考えるようになってしまった。科学は傲慢になったのではないだろうか。それに応じて、科学者もまた自然を征服したかのような自信を持つようになってしまった。それこそが異様さの現われと思い、科学はもっと謙虚で控えめでなければならないのではないか、私はそう思っているのだが……。

　科学がそのようになった理由はいくつか考えられる。一つは、科学は要素還元主義を徹底させたことによって明快に現象の因果関係を導き出し、科学で解けない問題はないと思わせたことである。実際に多くの難問を解決してきたのは事実だが、それは一面的な見方である。実は現代の科学では解けない問題を「複雑系」と呼んで後回しにしており、成功のみを過大に喧伝してきたのだ。

　二つ目の理由として、科学は新発見に過大な価値をおき、しゃにむに腕力の強さで強引に研究を進め、それなりに成功してきたことである。ビッグサイエンスやノーベル賞がその象徴で、二〇一三年のノーベル物理学賞はＬＨＣという巨大装置によるヒッグス粒子の発見に授与された。

たった一個の粒子の発見のために、数千人もの優秀な頭脳を動員し、何千億円もかけているのは異様なことではないだろうか。これに対し、記載し観察し分類するという地道な科学は、現代的な科学ではないという扱いを受け、日陰の扱いに貶（おとし）められているのである。

三つ目は、まさに資本主義の精神と一致して、現世に役に立つという科学にどんどん傾斜していっていることである。二〇一四年のノーベル物理学賞はＬＥＤに授与され、日本人が独占したが（それはそれで目出度いのだが）、ノーベル賞が実用的になったとも言える。このように二〇一三年と二〇一四年のノーベル物理学賞が現代科学の二つの極端を端的に示しており、その中間のあまり人数や金をかけず、目立つことや商業主義とは関係せず、しみじみとした科学が廃（すた）れてしまったのだ。

さらに四つ目の理由を付け加えれば、右と共通する側面があるのだが、国家の威信を高め、企業の役に立つ役割を科学が担わされていることだろうか。宇宙開発、深海底探査、素粒子実験、大望遠鏡などがその役目を果たしており、それが国家の利益に結びつけば申し分がないというわけだ。

以上のような理由で科学が異様に発達した結果として、この一〇〇年の間に、解ける易しい問題に特化し、ますますビッグサイエンスへと走り、現世に奉仕する度合いを強め、国家の威信を高めるのに寄与をすることを当然とするようになってきたのである。

科学の明日

しかし、福島の原発事故が契機となって科学者への信頼感が薄れ、人々は科学に頼りきりになっていた自分を反省するようになった。よくよく考えて、このまま野放図に科学者に任せたままでよいのか、科学に対する何らかの規制は必要ではないのか、もう科学は十分ではないのか、と思い始めたのである。私自身も、「科学の明日」の目標は科学への既存の考え方を改め、「科学の概念を変えるのがこれからの一〇〇年」ではないかと考えている。

それでは科学の概念をどう変えるべきなのだろうか。それは右に述べた四つの理由を裏返したものと言える。第一の要素還元主義の科学ではなく、これまで後回しにしてきた複雑系のような曖昧な答しか出せない問題をターゲットにすることである。気象や気候、生態系、地震、微量放射線被曝、人体や脳、経済など、私たちの身近でマクロなシステムはすべて複雑系であり、時間はかかってもそこに貫徹する普遍的法則を見出すことが大目標である。また、第二の新発見ばかりを目指すのではなく、記載し観察し分類することによって長年の記録を充実させ、例えば地球温暖化の証拠を見出したり、生態系の微妙な変化を捉えたりする、そんな地味だが有意義な科学に価値を置くのである。一つの新発見でなく、数多くの地味でささやかな努力の積み上げを評価するのだ。

そして、第三の現世に役立つ科学から、長い未来を見通してその長所・短所をきちんと押さえる科学を目指すことだ。そのためには予防措置原則が科学を進める指針となるだろう。新しく手をつける場合には、すぐに大型化・商業化に進むのではなく、入念で時間をかけた基礎実験を行ない、万全を考慮して安全が保証できるまでいつでも中止し引き返せる状態で研究を続けるのが当たり前にならなければならない。第四として科学は国家や企業に顔を向けるのではなく、真のスポンサーである市民のための科学であることを常に考えることだ。むろんビッグサイエンスも必要なのだろうが、それは市民の夢や憧れを満たすものであり、常に市民にその内実が伝えられる必要がある。

このような科学の明日が実現するためには、やはり一〇〇年が必要になるかもしれない。かく言う私ですら、新発見こそ価値があり、博物学的記載の科学は時代遅れという感覚から完全に抜け切っていないからだ。そのような科学の概念を変えていくためには時間が必要であり、いろんな科学の現場で実践を積み重ねることが必要なのではないだろうか。地道な科学の試みが集い、情報を交換するオープンカレッジとかオープンサイエンスという試みがなされているが、これこそデジタル時代の新しい方向であると思っている。

以上の過去の反省と今後の期待も込めて岩波ブックレットとして、『科学のこれまで　科学のこれから』を出版した。これを読んで、科学の今日と明日について考える手掛りとして頂ければと思う。

（三洋化成ニュース No.489　二〇一五年春号）

あとがき

あちこちから頼まれて書き散らした原稿を三～四年分を溜めるとそれなりの分量になり、そこから気に入ったものを選んで本にするという作業もこれで六冊目になった。これまでに出したのは、『科学は今どうなっているの』（晶文社、二〇〇一年）、『ヤバンな科学』（晶文社、二〇〇四年）、『科学の落し穴』（晶文社、二〇〇九年）、『生きのびるための科学』（晶文社、二〇一二年）、『現代科学の歩き方』（河出書房新社、二〇一三年）である。ほとんどがミニコミに属する雑誌や地方紙や業界誌に書いた文章ばかりで、あまり多くの人の目に触れていないためか、これらはそれなりに好評であった。それに甘えてまた本書を出すことにしたのだが、その時々の科学時評が中心となっており、自分にとってもどのように時代と相対してきたかを顧みるよい機会になっている。編集の過程で読み返すと、それぞれの文章を書いたときの気分や思い入れが蘇（よみがえ）り、さながら自分自身が歴史の検証を受けている気がするからだ。このようにして二〇年、三〇年と積み重ねると、科学者から見た時代の証言となるのではないかと思っている。むろん、そんな大げさな気持ちで時々の文章を書いているわけではなく、率直かつ直観的に科学にまつわる感想を連ねているに過ぎない。むしろ、その方が自分らしいと言えるとともに、読者にとっても自然体で気楽に向かえるのではないだろうか。

これまでの五冊と大いに異なるのは、二〇一四年三月末をもって総合研究大学院大学を退職してから無職となり、執筆と講演といくつかの市民活動を行なうという生活になったことである。そのため、世の中の見方が少し変わってきたように感じている。科学の現場である大学から離れたため、最先端の科学とか文科省と対峙(たいじ)する大学というような臨場感が薄れ、政治的なあるいは運動論的な観点からの見方が強くなってきたのではないかと思うからだ。大学に居て時代の変化の渦中にあった状態から、一歩離れてそれを客観視する立場になったことがどんな影響を与えているか、自分としても冷徹に分析しなくてはならないだろう。

この状態はいわば老害の開始になることは確実だから、重々自分の言動に注意しなければならないと自戒している。とはいえ、小言幸兵衛(こごとこうべえ)的存在は時代遅れかもしれないが過去の秩序を思い起こさせるためには重要で、トシを取った者がその役割を演ずることが必要だとも思う。つまり、害を及ばさない程度しか出しゃばらず、しかし亀の甲より年の功と思われる程度には知恵を出す、そんな塀の上を歩くような役目を果たさねばならないのだろう。宮仕えを終えて、少ないながらも年金で何とか暮らせてしがらみのない立場だから、直接の利害を離れて自由にモノが言える有利さを最大限に利用したいと念じている。そのような変化を私の文章から嗅ぎ取れるかもしれない。

本書に集めた文章は三つの媒体に書いてきたもので、それぞれの読者を意識して異なった視点からの科学評論の文章となっている。

最初の「現代科学の見方・読み方」は、富士ゼロックスがスポンサーであった「GRAPHICATION」という雑誌に連載していたものである。この雑誌は企業の業界誌ではあるがその宣伝は一切なく、特集のテーマに関連する話題を採り上げる以外には完全に自由に書かせてくれるという実に稀有な雑誌であった。一九六七年に隔月刊で発刊されて以来、幾度も廃刊の危機を迎えながら四八年間二〇〇号まで紙媒体で続き、二〇一五年一二月から電子版に移行している。私は第一〇六号（二〇〇〇年二月号）から二〇〇号（二〇一五年九月号）まで一五年以上にわたって連載したが、科学史に関わることや現代科学批判まで、思う存分自由闊達に書けるので毎号の執筆を待ち遠しく思っていたものである。ここに掲載した文章は、先に述べた五冊の本に分割して収録し、いよいよ本書が最後である。これまでバラバラに収録してきたものをいずれ、一冊の本としてまとめておきたいと思っている。

二番目の「時のおもり」は、中日新聞に現在も連載中の、ほぼ月に一回の割合で、一回あたり一四〇〇字弱の時事コラムである（東京新聞に転載される）。このコラムも一〇年以上続いており、日常身辺の事柄から日本や世界の政治状況まで執筆者の責任で自由に論じることができるという良さがある。上記の本にもこれまで書いてきたコラムを収録してきたが、引き続いて今回も多く収録した。本書では、「東京オリンピックへの異論」とか「リニア新幹線反対論」のようなマスコミがなかなか批判しようとしない問題を取り上げたり、「表立って批判できない問題」を表立って批判したりした文章を収録している。ISS（国際宇宙ステーション）や情報収集衛星などについて、やはりマスコミがタブーとしている問題にも今後切り込んでいきたいと思っている。

三番目の「科学の今を考える」は、三洋化成という企業の業界誌に二〇一二年四月から二〇一五年三月まで、三年間にわたって隔月で連載したもの（総計一八回）のうち九回分を収録したものである。三洋化成の方から「長期の連載をお願いする」と言われたため、企業の経営者や技術者が読むということを念頭におき、それなりにストーリーを考えて話の起承転結をつけたつもりである。担当重役の方から毎号読後感を書いていただき、期待の大きさを感じ励まされた思いであった。通常、私は大学の研究者をイメージして書くのだが、ここでは企業という組織に属し科学・技術に携わっている人にとっつきやすいような話題や職業人としての倫理を意識的に書こうとした。それはむろん、この冊子を手に取る一般市民にも共通するテーマとなるのではと期待してのことである。紙数の関係で書いたものの半分しか収録できなかったが、それでも読者に私の意図を汲み上げてもらえるのではないかと思っている。

本書をまとめるに当たって、晶文社での担当編集者だった島崎勉氏のお世話になりました。ここに感謝します。もし本書が好評であれば、ここに収録した文章と同じ時期に書いた原発に関する文章（むろん私のことですから、反原発の論旨ばかりですが）を島崎さんの協力を得て出版したいと考えています。読者の皆さんの支持があればこそなのですが……。

［著者略歴］
池内 了（いけうち・さとる）
1944年、兵庫県生まれ。
宇宙物理学、科学・技術・社会論。
総合研究大学院大学名誉教授、名古屋大学名誉教授。
著書
『科学者と戦争』（岩波新書）
『科学・技術と現代社会』上・下（みすず書房）
『生きのびるための科学』（晶文社）
『現代科学の歩き方』（河出書房新社）ほか多数

ねえ君、不思議だと思いませんか？

2016年12月20日 第1刷発行
2017年 6月10日 第2刷発行

著 者 池内 了
発行所 有限会社 而立書房
東京都千代田区猿楽町2丁目4番2号
電話 03（3291）5589／FAX 03（3292）8782
URL http://jiritsushobo.co.jp
印 刷 株式会社 スキルプリネット
製 本 壷屋製本 株式会社

落丁・乱丁本はおとりかえいたします。

Printed in Japan
ISBN 978-4-88059-399-9 C0040

ウンベルト・エコ／谷口勇 訳

1991.2.25 刊
四六判上製
296 頁
定価 1900 円

論文作法　調査・研究・執筆の技術と手順

ISBN978-4-88059-145-2 C1010

エコの特徴は、手引書の類でも学術書的な側面を備えている点だ（その逆もいえる）。本書は大学生向きに書かれたことになっているが、大学教授向きの高度な内容を含んでおり、何より読んでいて楽しめるロングセラー。

ウンベルト・エコ／谷口伊兵衛 訳

2008.9.25 刊
Ａ５判上製
136 頁
定価 2500 円

セレンディピティー　言語と愚行

ISBN978-4-88059-342-5 C1010

コロンブスの誤解が新大陸発見のきっかけとなったように，ヨーロッパの思想史では《瓢箪から駒》が幾度も飛び出してきた。U・エコはこういう事象を記号論の立場から明快に分析している。

マイケル・ウォルツァー／山口晃 訳

199311.25 刊
四六判上製
392 頁
定価 3000 円

義務に関する 11 の試論　不服従、戦争、市民性

ISBN978-4-88059-171-1 C1031

多くの様々な議論を存在させよ！「市民意識」がなかなか定着しない日本で、いまこそ読まれるべき、政治的積極行動についての試論。「人は少数者としてどう生き、どう考えるのがよいのか。時代がこの本に追いついてきた」（推薦・加藤典洋）

ルチャーノ・デ・クレシェンツォ／谷口伊兵衛、G・ピアッザ 訳

2003.9.25 刊
Ｂ５判上製
144 頁
定価 2500 円

クレシェンツォのナポリ案内　ベッラヴィスタ氏見聞録

ISBN978-4-88059-297-8 C0025

現代ナポリの世にも不思議な光景をベッラヴィスタ氏こと、デ・クレシェンツォのフォーカスを通して古き良き時代そのままに如実に写し出している。ドイツ語にも訳された異色作品。図版多数。本書はいわば都市論である。

前川國男

1996.10.1 刊
四六判上製
360 頁
定価 3000 円

建築の前夜　前川國男文集

ISBN978-4-88059-220-6 C1052

ル・コルビュジエに師事し、戦前戦後を通じて日本建築界に大きな足跡を残した建築家・前川國男が生涯追い求めた「近代建築」とは何だったのか。前川國男が五十余年にわたって語りかけてきた「言葉」は現在なお、新しく、鋭い。

浜口隆一

1998.6.25 刊
四六判上製
432 頁
定価 3000 円

市民社会のデザイン　浜口隆一評論集

ISBN978-4-88059-240-4 C1052

新進の建築設計家として出発しながら、建築の評論へと転進し、ついには市民社会におけるデザインの分野に大きな足跡を遺した浜口隆一の遺稿集である。生前、著書を持たなかった著者の論文を集めるのに、編集者たちは大変な苦労をした。